前 言

近年来，在国家一系列激励政策的支持下，我国光伏发电新增装机容量保持世界领先，应用规模不断扩大，技术持续进步，成本加速下降，市场竞争力显著提高。光伏发电已成为新增电源投资的主力军，并肩负起构建新型电力系统，促进能源绿色低碳转型，助力实现碳达峰、碳中和目标的使命。

大量的光伏电站项目建设推动了行业对光伏发电技术相关岗位人才的需求。同时，光伏技术也在不断推陈出新，光伏应用的新型场景不断涌现，未来发展潜力巨大。本教材的编写正是为了满足行业需求，培养高技能人才。本教材具备以下特点：

（1）教学内容立足于“双碳”背景下光伏行业发展对应的岗位需求和光伏相关专业毕业生所需要的岗位能力，并对接“1+X”光伏电站运维职业技能等级考核标准。

（2）以光伏发电技术的实际应用案例为载体，开发了 5 个项目。每个项目中的任务环环相扣、层层递进，充分培养学生的综合能力。

（3）突出实用性和实践性，为活页式教材，方便安排教学活动。每个项目都遵循实际的项目实施过程，教、学、做、练一体化，充分发挥学生的主体地位。

（4）着重培养学生的工程应用能力，培育其精益求精的工匠精神，提高其团队协作意识等。

（5）借助现代信息技术建设配套的课件、微课、课程思政案例等教学资源。

本教材由滁州职业技术学院的朱山川任主编，滁州职业技术学院的孙义婷和甄帅任副主编，崔心惠、陶璐、许杨参编。具体分工如下：朱山川编写项目 1 和项目 2；孙义婷编写项目 3；甄帅编写项目 4；崔心惠、陶璐、许杨编写项目 5。

本教材是滁州职业技术学院和滁州隆基乐叶光伏科技有限公司、晶科能源（滁州）有限公司、滁州鸿展智能科技有限公司等企业合作的校企共建安徽省先进光伏现代产业学院项目的成果。本书在编写过程中得到了合作企业方的大力支持，在此由衷表示感谢。

本教材在出版过程中得到了北京交通大学出版社的大力支持和帮助，在此由衷表示感谢。

由于编者水平有限，编写时间仓促，书中难免存在疏漏和不足之处，恳请读者批评指正。

编　者

2024 年 9 月

目　录

项目 1
认识光伏发电技术

项目说明

太阳能是绿色能源，是人类取用不竭的可靠资源。太阳能光伏发电是利用太阳能最灵活方便的方式之一，近年来在国际上得到广泛重视并取得了长足进展。光伏发电产业是朝阳产业，对于节约常规能源、保护环境、促进经济发展都有极为重要的历史意义和深远的现实意义。

随着世界经济的高速发展，人类对能源的需求越来越大，传统能源（石油、天然气和煤炭等）具有不可再生性，并且其大规模开发利用引发了一系列生态环境问题。随着科学技术的进步，人类对可再生能源（太阳能、风能、水能、生物质能等）的利用范围不断扩大，其中将太阳能转换成为电能这一新能源发电技术得到了广泛应用，由此产生了多种多样的光伏发电系统。

任务 1.1　认识太阳辐照度

学习目标

1. 知识目标

（1）掌握我国太阳能资源分布情况。

（2）掌握太阳能辐射量参数转换方法。

（3）掌握监测太阳辐照度参数方法。

2. 能力目标

（1）能估算我国各地区太阳能资源，并进行能量单位换算。

（2）能监测太阳辐照度。

3. 素养目标

（1）提高自主学习能力。

（2）培养团队协作意识。

（3）树立绿色节能意识。

1.1.1 任务引入

光伏发电系统的能量来源是太阳能。太阳能是由太阳内部氢原子发生氢氦聚变释放出巨大核能而产生的，来自太阳的辐射能量。太阳内部的温度和压力非常高，足以使氢原子核克服电磁斥力，相互碰撞并结合成为更重的氦原子核。这个过程中，一部分质量被转化为能量，这些能量以光子的形式从太阳内部向外传播，经过数百万年才到达太阳表面，并以电磁辐射的方式向四面八方发射。

请利用相关实训设备平台，完成太阳照度计的安装与调试，并测定太阳的辐照度。测定各时段相关参数，并对所测定数值进行统计，填写表格。通过对具体数据进行分析，掌握辐射表工作原理。

1.1.2 任务工单

任务名称	认识太阳辐射能	指导教师	
班级		组别	
学号		姓名	
任务描述	利用相关实训设备平台，完成太阳照度计的安装与调试，并测定太阳的辐照度。测定各时段相关参数，并对所测定数值进行统计，填写表格。通过对具体数据进行分析，掌握辐射表工作原理		
材料清单	设备：光伏发电技术实训设备、太阳照度计 材料：万用表、剥线钳、压线钳 耗材：导线、号码管、线鼻子		
知识点	1. 太阳辐射能 2. 我国太阳能资源分布 3. 常用的太阳能相关概念及单位换算 4. 开发利用太阳能的重要意义		
技能点	太阳照度计的使用		

1.1.3 知识点链接库

讲解视频

知识点 1　太阳辐射能

太阳是太阳系的中心天体，其直径为 1.39×10^6 km，是地球直径的 109 倍；体积为 1.42×10^{27} m^3，是地球的 130 万倍；质量为 1.99×10^{27} t，是地球质量的 33 万多倍。太阳不停地向四周空间放射出巨大的能量，其总量平均每秒即达 3.865×10^{26} J，而地球所接收到的能量仅是太阳产出能量的 22 亿分之一。尽管如此，地球每秒所接收的能量也有 1.765×10^{17} J 之多，相当于地球上 100 万 t 煤炭燃烧的总和。

地球轨道上的平均太阳辐射强度为 1 369 W/m^2。地球赤道周长为 40 076 km，从而可计算出，地球获得的能量可达 173 000 TW。这些能量中有一部分被大气层反射或吸收，有一部分被地表反射或吸收，有一部分被植物利用进行了光合作用，还有一部分驱动了水循环、风力、海流等自然现象。人类可以利用各种技术手段来收集和转化太阳能，如太阳热能集热器、太阳能光伏发电、太阳热能发电等。

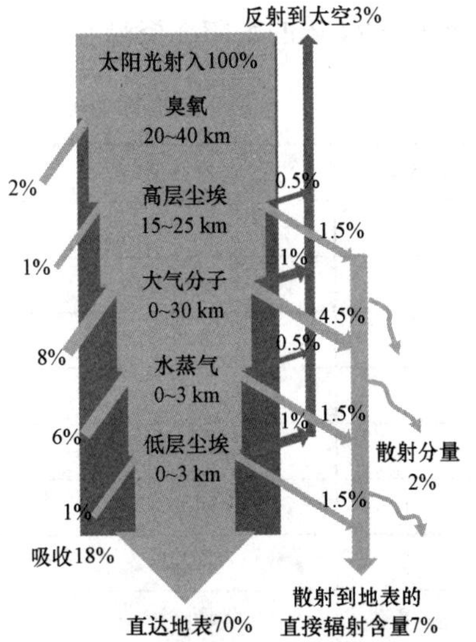

图 1-1　大气成分对太阳光的衰减作用

太阳是以光辐射的方式将能量输送到地球表面的，其中约 70%的光线通过大气层到达地球表面，如图 1-1 所示。太阳光在到达地球平均距离处，垂直于太阳光的辐射强度为一常量 1.374 kW/m^2，称为太阳常量。到达地球表面的太阳辐照度与太阳辐射穿透大气层的厚度有关。

知识点 2　我国太阳能资源分布

我国地处北半球，国土跨度，从南到北、由西至东，距离都在 5 000 km 以上，总面积达 960 万 km^2 以上，占世界陆地总面积的 7%，居世界第三位。我国有着十分丰富的太阳能资源。据估算，我国陆地每年接收到的太阳辐射能量约为 5.02×10^{22} J，相当于 1.7 万亿吨标准煤的能量。

中国气象科学研究院根据太阳辐照量的大小，将我国太阳能资源划分为四个区域。

（1）太阳能资源最丰富带，包括西藏大部、新疆南部，以及青海、甘肃和内蒙古的西部。这些地区的年太阳辐照量超过 6 300 MJ/m^2，年总辐射量大于 1 750 kWh/m^2，而且月际最大与最小可利用日数的比值较小，年变化较稳定，是太阳能资源利用条件较佳的地区。

（2）太阳能资源很丰富带，包括新疆大部、青海和甘肃东部、宁夏、陕西、河北、山东东北部、内蒙古东部、东北三省西南部、云南、四川西南部。这些地区的年太阳辐照量为 5 040～6 300 MJ/m^2，年总辐射量在 1 400～1 750 kWh/m^2 之间，大部分地区可利用时数的年变化比较稳定。

（3）太阳能资源较丰富带，包括黑龙江、吉林、辽宁、安徽、江西、山西南部、内蒙古东北部、河南、山东大部、江苏、浙江、湖北、湖南、福建、广东、广西、海南东部、四川和贵州大部、西藏东南部。这些地区的年太阳辐照量在 3 780～5 040 MJ/m^2，年总辐射量在 1 050～1 400 kWh/m^2 之间。

（4）太阳能资源一般带，包括四川东部、贵州北部、湖南西北部以及重庆市。这些地区的年太阳辐照量小于 3 780 MJ/m^2，年总辐射量小于 1 050 kWh/m^2 之间。

根据中国气象局发布的《2024 年中国风能太阳能资源年景公报》，全国 31 个省（区、市）2024 年的太阳能资源数据如表 1–1 所示。

表 1–1　2024 年全国 31 个省（区、市）太阳能资源数据表

序号	省（区、市）	水平面总辐照量（kWh/m²）	最佳斜面总辐照量（kWh/m²）
1	北京	1 381.5	1 654.5
2	天津	1 467.1	1 739.8
3	河北	1 417.5	1 688.2
4	山西	1 420.7	1 651.5
5	内蒙古	1 510.7	1 940.3
6	辽宁	1 349.7	1 647.4
7	吉林	1 318.7	1 666.8
8	黑龙江	1 274.9	1 670.5
9	上海	1 241.0	1 317.6
10	江苏	1 345.9	1 465.0
11	浙江	1 256.1	1 311.1
12	安徽	1 322.4	1 422.4
13	福建	1 309.2	1 368.2
14	江西	1 212.8	1 261.5
15	山东	1 432.1	1 612.9
16	河南	1 319.9	1 434.2
17	湖北	1 190.6	1 237.3
18	湖南	1 098.7	1 113.0
19	广东	1 240.3	1 291.1
20	广西	1 194.4	1 215.0
21	海南	1 458.7	1 454.4
22	重庆	1 066.5	1 054.5
23	四川	1 365.0	1 462.7
24	贵州	1 158.0	1 162.8
25	云南	1 441.5	1 551.2
26	西藏	1 785.0	1 908.7
27	陕西	1 318.1	1 448.0
28	甘肃	1 559.0	1 836.0
29	青海	1 697.8	1 989.4
30	宁夏	1 480.2	1 678.0
31	新疆	1 563.4	1 654.5

知识点 3　常用的太阳能相关概念及单位换算

（1）太阳辐照功率。单位时间内，太阳以辐射形式发射的能量称为太阳辐射功率，单位为 W。

（2）辐照度。太阳投射到单位面积上的辐射功率称为辐照度，单位为 W/m^2，它衡量了太阳辐射的瞬时强度。

（3）辐照量。在一段时间内，太阳投射到单位面积上的辐射能量称为辐照量，它衡量了辐射总量的累积值。

（4）日照时间。日照时间是指太阳光在一天当中从日出到日落的实际照射时间。

（5）日照时数。某个地点，一天当中太阳光达到一定的辐照度（一般以气象台测定的 120 W/m^2 为标准）时一直到小于此辐照度所经过的时间。日照时数小于日照时间。

（6）平均日照时数。平均日照时数是指某地的一年或若干年的日照总时数的平均值。例如某地 1985—1995 年实际测量的年平均日照时数为 2 053.6 h，日平均日照时数是 5.63 h。

（7）峰值日照时数。峰值日照时数是指将当地的太阳能辐射量折算成标准测试条件（1 000 W/m^2）下的时数。例如，某地某天的日照时间是 8.5 h，但不可能在这 8.5 h 中太阳的辐照度都是 1 000 W/m^2，而是由弱到强再由强到弱变化的。若测得这天累计的太阳能辐射量是 3 600 Wh/m^2，则这天的峰值日照时数就是 3.6 h。因此，在计算太阳能光伏发电系统的发电量时一般都采用平均峰值日照时数作为参考值。

（8）常用单位换算。

$$1\ kWh/m^2=3.6\ MJ/m^2$$

如果斜面辐照量的单位是 MJ/m^2，则峰值日照时数 $h=\dfrac{A}{3.6\times365}$。式中，$A$ 为斜面上的年辐照总量，单位为 MJ/m^2；3.6 为单位换算系数。

知识点 4　开发利用太阳能的重要意义

1. 化石燃料正面临逐渐枯竭的危机局面

随着世界人口的持续增长和经济的不断发展，对于能源供应的需求量日益增加，而在目前的能源消费结构中，还是以煤炭、石油和天然气等化石燃料为主。截至 2020 年底，全球化石能源储采比如图 1-2 所示。

美国能源信息署（EIA）于 2021 年 10 月对 2050 年前的国际能源市场进行了预测，认为全球一次能源消费量在 2020 年为 601.5×10^{15} Btu，2025 年将增加到 667.5×10^{15} Btu，2050 年将达到 886.3×10^{15} Btu，增幅近 50%，平均年增长 1.3%。到 2050 年，全球化石能源在能源消费结构中所占份额仍然高于 3/4。全球一次能源消费预测如图 1-3 所示。

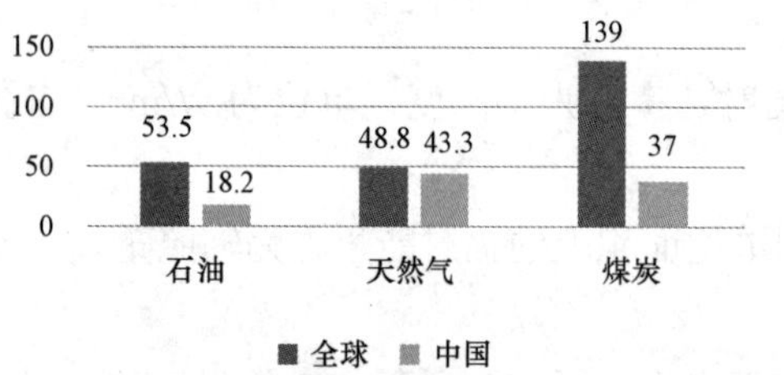

图 1-2　全球化石能源储采比（截至 2020 年底）

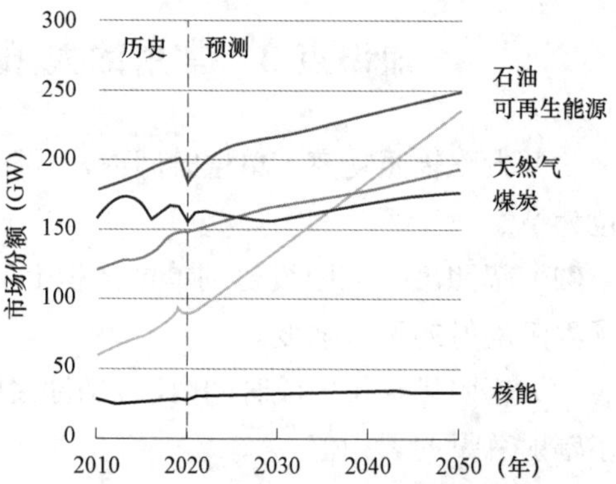

图 1-3　全球一次能源消费量预测

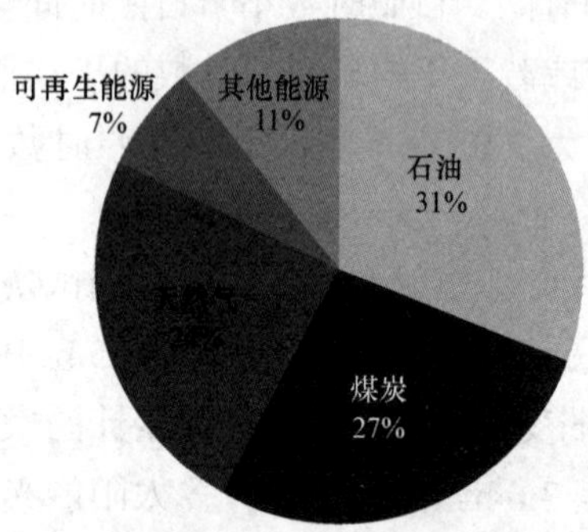

图 1-4　2021 年全球一次能源消费量占比

2023 年全球一次能源消费量为 211.42 亿吨标准煤，较 2022 年的 207.23 亿吨标准煤增长 2.02%，较 2019 年的 200.65 亿吨标准煤增长 5.37%。能源逐步从以煤炭为主转向以更低碳的能源为主，但石油仍是全球最重要的燃料。2021 年全球一次能源消费量占比如图 1-4 所示。

预计到 2050 年，全球煤炭消耗趋于稳定，份额逐渐下降；石油消费量逐年增加，仍是能源消费量的主要份额；天然气消费预期将增长 31%，所占份额略有下降；可再生能源消费倍增，预计份额将从 2020 年的 15%增长到 2050 年的 27%。

能源消费的不断增长正带来诸多挑战，地球上化石燃料的蕴藏量是有限的。据世界卫生组织估计，到 2060 年，全球人口将达到 100 亿～110 亿。如果到那时所有人的能源消费量都达到发达国家的人均水平，那么地球上主要的 35 种矿物中，将有 1/3 在 40 年内消耗殆尽，包括所有的石油、天然气、煤炭和铀。化石燃料的供应正面临严重短缺的危机局面。

为了应对化石燃料逐渐短缺的严重局面，必须逐渐改变能源消费结构，大力开发以太阳能为代表的可再生能源，在能源供应领域走可持续发展的道路。只有这样才能保证经济的繁荣发展和人类社会的不断进步。

2. 保护生态环境逐渐受到人们的重视

由于人类的活动，主要是化石燃料的燃烧，造成了环境污染，导致出现全球气候变暖、冰山融化、海平面上升、沙漠化日益扩大等现象，自然灾害频繁发生。人们逐渐认识到，减少温室气体的排放，治理大气环境，防止污染已经到了刻不容缓的地步。2010—2050 年不同种类燃料产生的 CO_2 排放量如图 1-5 所示。

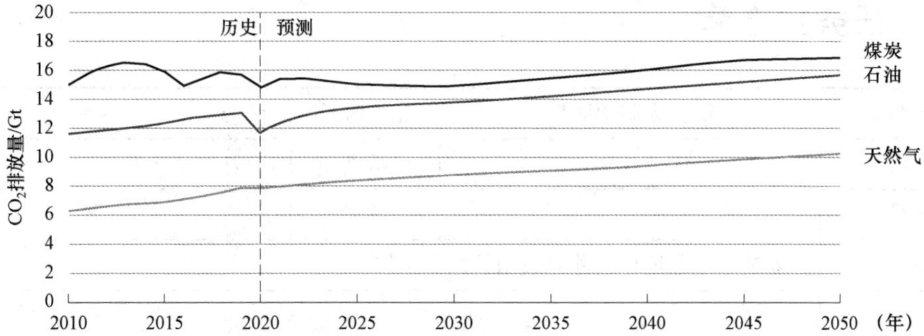

图 1-5　2010—2050 年不同种类燃料产生的 CO_2 排放量

2020 年中国发布“双碳”目标后，日本、英国、加拿大、韩国等国家相继作出到 2050 年前实现碳中和目标的承诺。世界主要经济体的行动将为全球碳减排迎来拐点。2021 年全球 CO_2 排放量前十名国家占比如图 1-6 所示。

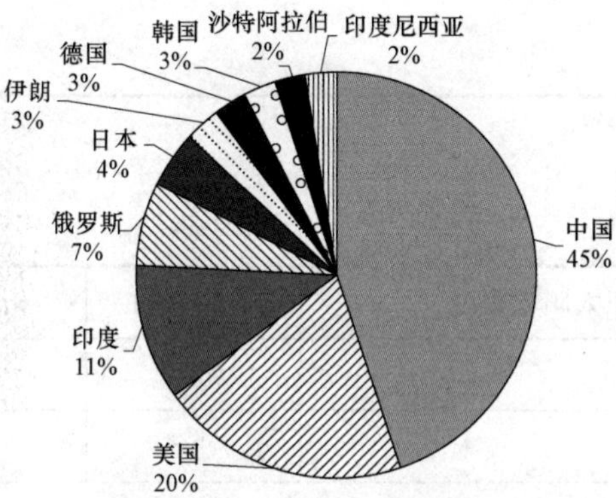

图 1-6　2021 年全球 CO_2 排放量前十名国家占比

太阳能是清洁无公害的新能源，光伏发电不排放任何废弃物。大力推广光伏发电将对减少大气污染，防止全球气候变化作出突出的贡献。

1.1.4　任务实施

（1）安装太阳照度计。

（2）制作相关通信线，完成通信连接。

（3）搭建监控界面，完成相关配置设置。

（4）使用万用表完成相关电路检查。

（5）根据光源的不同亮度，观察监控界面显示数据，并完成辐照度数值记录工作。

1.1.5 任务实施单

任务名称	认识太阳辐照度	完成时长	
班级		组别	
学号		姓名	
任务要求	安装太阳照度计，并完成相关监测工作		
实施过程记录			
任务实施总结			

1.1.6 任务验收单

<table>
<tr><td>任务名称</td><td colspan="2">认识太阳辐照度</td><td>验收时间</td><td></td></tr>
<tr><td>班级</td><td colspan="2"></td><td>组别</td><td></td></tr>
<tr><td>学号</td><td colspan="2"></td><td>姓名</td><td></td></tr>
<tr><td>任务要求</td><td colspan="4">安装太阳照度计，并完成相关监测工作</td></tr>
<tr><td rowspan="7">验收要点</td><td>序号</td><td colspan="2">验收内容</td><td>验收结果</td></tr>
<tr><td>1</td><td colspan="2">正确使用万用表档位进行参数测量，操作规范</td><td></td></tr>
<tr><td>2</td><td colspan="2">正确完成通信线路的制作和连接</td><td></td></tr>
<tr><td>3</td><td colspan="2">按照规范完成相关元器件的安装</td><td></td></tr>
<tr><td>4</td><td colspan="2">检查相关线路，标准严格，无漏项和错项</td><td></td></tr>
<tr><td>5</td><td colspan="2">数据记录正确，数值和单位齐全</td><td></td></tr>
<tr><td>6</td><td colspan="2">监测界面美观，功能空间齐全，标注和名称正确，无漏项</td><td></td></tr>
<tr><td>验收结果</td><td colspan="4"></td></tr>
</table>

1.1.7　任务评价单

学生自我评价单

<table>
<tr><td colspan="2">项目 1</td><td colspan="2">认识光伏发电技术</td><td>任务 1.1</td><td colspan="3">认识太阳辐照度</td></tr>
<tr><td colspan="4">评价项目</td><td>8≤优≤10（分）</td><td>6≤良＜8（分）</td><td>4≤中＜6（分）</td><td>2＜差＜4（分）</td></tr>
<tr><td colspan="4">1. 学习态度是否主动，能否及时完成教师布置的各项任务</td><td></td><td></td><td></td><td></td></tr>
<tr><td colspan="4">2. 是否完整地记录探究活动的过程，收集的有关信息和资料是否完整</td><td></td><td></td><td></td><td></td></tr>
<tr><td colspan="4">3. 能否根据学习资料对任务进行合理分析，并对制定的方案进行可行性分析</td><td></td><td></td><td></td><td></td></tr>
<tr><td colspan="4">4. 是否能够完全领会教师的授课内容，并快速掌握技能</td><td></td><td></td><td></td><td></td></tr>
<tr><td colspan="4">5. 是否积极参与各种讨论，并能清晰地表达自己的观点</td><td></td><td></td><td></td><td></td></tr>
<tr><td colspan="4">6. 能否独立或合作完成任务</td><td></td><td></td><td></td><td></td></tr>
<tr><td colspan="4">7. 对出现的问题是否能主动思考，并使用现有知识进行解决，以及知道自己在某些知识方面的不足之处</td><td></td><td></td><td></td><td></td></tr>
<tr><td colspan="4">8. 是否通过任务训练达到学习目标</td><td></td><td></td><td></td><td></td></tr>
<tr><td colspan="4">9. 是否有安全、环保意识与团队合作意识</td><td></td><td></td><td></td><td></td></tr>
<tr><td colspan="4">10. 工作过程中是否能保持整洁、有序、规范的工作环境</td><td></td><td></td><td></td><td></td></tr>
<tr><td>姓名</td><td></td><td>日期</td><td></td><td>总评</td><td colspan="3"></td></tr>
<tr><td>任务总结</td><td colspan="7"></td></tr>
</table>

学生互评单

<table>
<tr><td>项目 1</td><td>认识光伏发电技术</td><td>任务 1.1</td><td colspan="2">认识太阳辐照度</td></tr>
<tr><td colspan="3">评价项目</td><td colspan="2">评分</td></tr>
<tr><td colspan="3">1. 在组队中是否称职，能否按计划完成团队任务（20 分）</td><td colspan="2"></td></tr>
<tr><td colspan="3">2. 能否主动思考并解决问题（20 分）</td><td colspan="2"></td></tr>
<tr><td colspan="3">3. 是否完成任务（20 分）</td><td colspan="2"></td></tr>
<tr><td colspan="3">4. 是否有团队合作意识（20 分）</td><td colspan="2"></td></tr>
<tr><td colspan="3">5. 是否积极参与各种讨论，并能清晰地表达自己的观点（20 分）</td><td colspan="2"></td></tr>
<tr><td>评价人</td><td colspan="2"></td><td>合计</td><td></td></tr>
<tr><td>改进建议</td><td colspan="4"></td></tr>
</table>

教师评价单

考核点	标准（分）	得分
任务方案准备与计划	20	
实施操作及团队协作	20	
知识和技能掌握情况	20	
数据记录与分析	20	
任务汇报与总结	20	
合计	100	

任务评价单

<table>
<tr><td rowspan="2">项目 1</td><td rowspan="2">认识光伏发电技术</td><td>学生自评</td><td>学生互评</td><td>教师评分</td><td rowspan="2">总分</td></tr>
<tr><td>30%</td><td>30%</td><td>40%</td></tr>
<tr><td>任务 1.1</td><td>认识太阳辐照度</td><td></td><td></td><td></td><td></td></tr>
</table>

1.1.8　自我评测

1. 从太阳资源、太阳辐射等角度思考：怎样才能使光伏电站多发电？

2. 如果某地一天接受阳光 2 h 的辐照度为 1 000 W/m^2，1.5 h 的辐照度为 600 W/m^2，1 h 的辐照度为 200 W/m^2，则一天接收到的总辐射量为多少？

3. 光伏电站设计需要获取哪些气象资源？从哪里可以获得这些数据？

课后习题

任务 1.2　认识光伏组件

学习目标

1. 知识目标

（1）了解太阳能电池的发电原理。

（2）了解太阳能电池片、光伏组件的分类。

（3）了解太阳能电池片的内部结构。

（4）理解光伏组件的主要技术参数。

2. 能力目标

（1）能分析光伏发电原理。

（2）能识别太阳能电池片、光伏组件的基本结构。

（3）能阐述光伏组件的制作工序。

（4）能对光伏组件进行检测。

3. 素养目标

（1）提高自主学习能力。

（2）培养团队协作精神和集体意识。

（3）培育实事求是、精益求精的精神。

1.2.1　任务引入

在光伏发电系统中，实现将光能转换成电能的关键部件为光伏组件，而光伏组件是由太阳能电池片构成的。现在我们就来认识一下太阳能电池的发电原理、太阳能电池片和光伏组件。

利用实训设备和相关仪器仪表，完成光伏组件的参数检测，并绘制 *I–U* 曲线和 *P–U* 曲线。

1.2.2　任务工单

任务名称	认识光伏组件	指导教师	
班级		组别	
学号		姓名	
任务描述	利用实训设备和相关仪器仪表，完成光伏组件的参数检测，并绘制 *I–U* 曲线和 *P–U* 曲线		
材料清单	设备：光伏发电技术实训设备 材料：万用表、剥线钳、压线钳 耗材：导线、号码管、线鼻子		
知识点	1. 认识半导体材料 2. 半导体材料微观结构 3. 太阳能电池发电原理 4. 太阳能电池 5. 光伏组件		
技能点	光伏组件 *I–U*、*P–U* 曲线的绘制		

1.2.3　知识点链接库

讲解视频

知识点 1　认识半导体材料

太阳能电池是一种依据半导体光电效应，受光照射后产生光电反应，进而实现能量转换的器件（装置）。能产生光电效应的材料有很多种，如单晶硅、多晶硅、非晶硅、砷化镓、硒铟铜等，这些半导体材料的光电转换原理基本相同。

在自然界中，根据导电性能和电阻率的大小，物体可分为 3 类，即导体、绝缘体和半导体。

1. 导体

导电能力强的物体叫作导体，如金、银、铜、铁、铝等，其电阻率在 10^{-8}～10^{-6} Ω·m 范围内，如图 1-7 所示。

2. 绝缘体

导电能力弱或基本不导电的物体叫作绝缘体，如橡胶、塑料、木材、玻璃等，其电阻率通常在 10^{8}～10^{20} Ω·m 范围内，如图 1-8 所示。

图 1-7　导体材料

图 1-8　绝缘体材料

3. 半导体

导电能力介于导体和绝缘体之间的物体叫作半导体，如硅、锗、砷化镓和硫化镉等，其电阻率通常在 10^{-5}～10^{7} Ω·m 之间，具有掺杂特性、温度特性、光伏效应等，如图 1-9 所示。

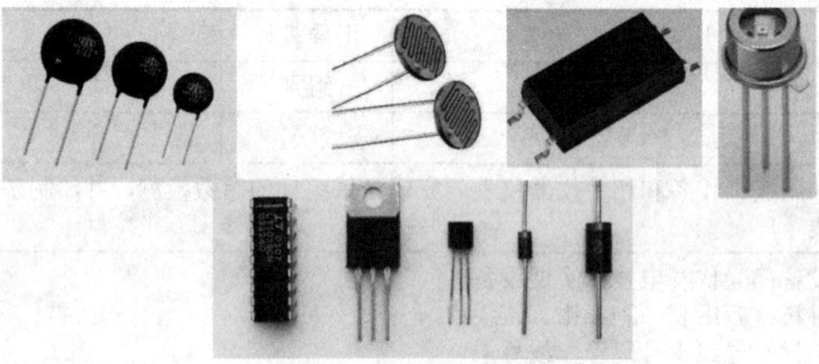

图 1-9　半导体电子器件

知识点 2　半导体材料微观结构

1. 本征半导体

不含杂质的半导体称本征半导体。如图 1-10 所示，是本征半导体硅的微观结构，图中正电荷为硅原子，负电荷表示围绕硅原子旁边的 4 个价电子。在一般情况下，由于受到温度或光照的影响，价电子在激发下克服原子的束缚而跳跃出来，使其共价键断裂，这个电子离开原来的位置在晶体中活动。与此同时，在价键中留下一个空位，称为空穴。

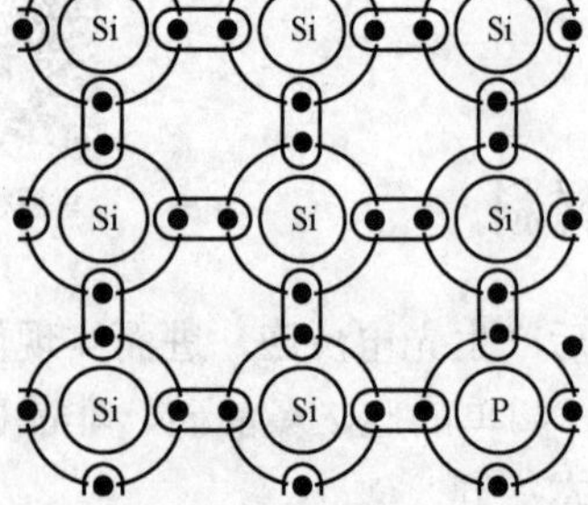

图 1-10　本征半导体硅的微观结构示意图

2. 杂质半导体

（1）N 型半导体

在纯净的硅中掺入少量的五价元素磷，这些

磷原子在晶格中取代硅原子，并用它的 4 个价电子与相邻硅原子进行共价结合。多余的价电子脱离磷原子到晶体内成为自由电子，而磷原子由于缺少 1 个电子而成为带正电的磷离子，这种半导体称 N 型半导体，如图 1–11 所示。

（2）P 型半导体

在纯净的硅中掺入少量的三价元素硼，当硼和相邻的 4 个硅原子做共价键结合时，还缺少 1 个电子，所以要从其中 1 个硅原子的价键中获取 1 个电子来填补。这样就在硅中产生了一个空穴，硼原子则因接受了一个电子而成为带负电的硼离子，这种半导体称 P 型半导体，如图 1–12 所示。

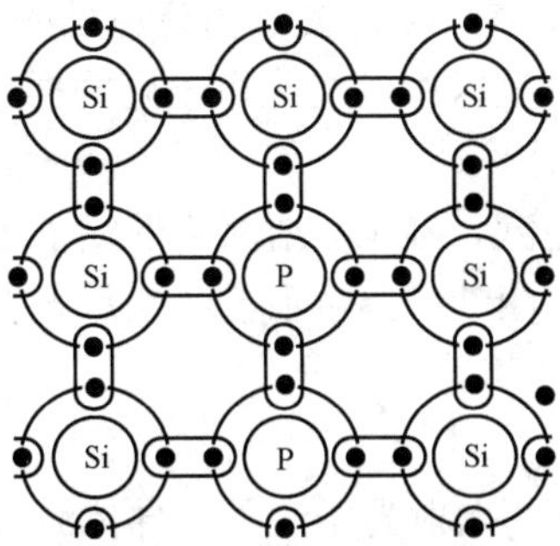

图 1–11　N 型半导体微观结构示意图

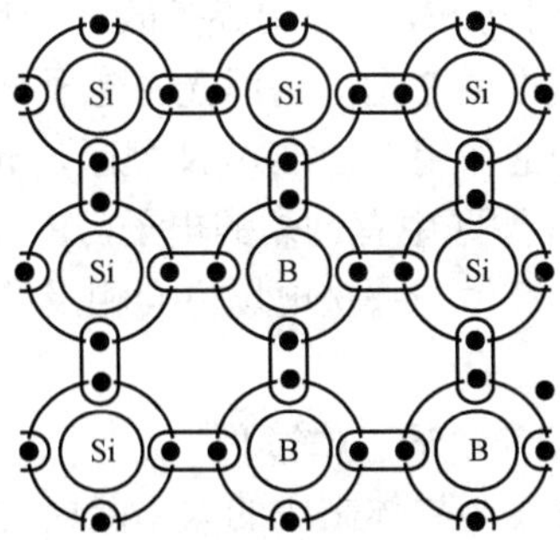

图 1–12　P 型半导体微观结构示意图

（3）PN 结

在一块半导体晶体上，通过特定工艺使一部分呈 N 型，另一部分呈 P 型，则该 P 型和 N 型半导体界面附近的区域就叫作 PN 结，如图 1–13 所示。由于交界面处存在空穴和电子的浓度差，N 型区中的多数载流子（电子）向 P 型区中扩散，P 型区中的多数载流子（空穴）要向 N 型区中扩散。扩散后，在交界面的 N 区一侧形成一个正电荷区域，在交界面的 P 区一侧形成一个负电荷区域，这两个很薄的区域我们称之为空间电荷区，即通常所说的 PN 结。

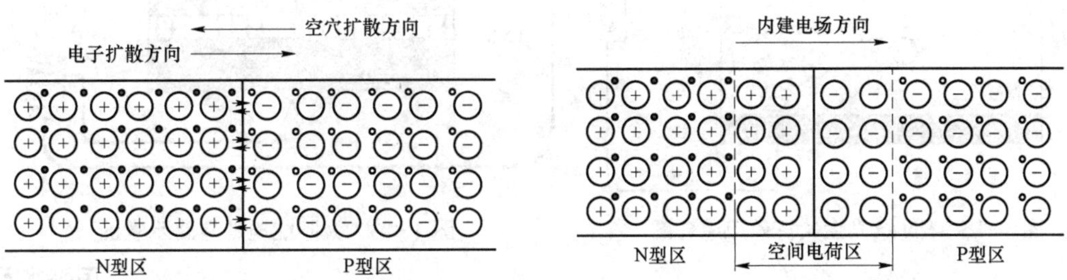

(a) 形成 PN 结前载流子的扩散过程

(b) 空间电荷区和内建电场

图 1–13　PN 结的形成

知识点 3　太阳能电池发电原理

1. 光生伏打效应

当 PN 结处于平衡状态时，在 PN 结的耗尽区中存在势垒电场，该电场的方向由 N

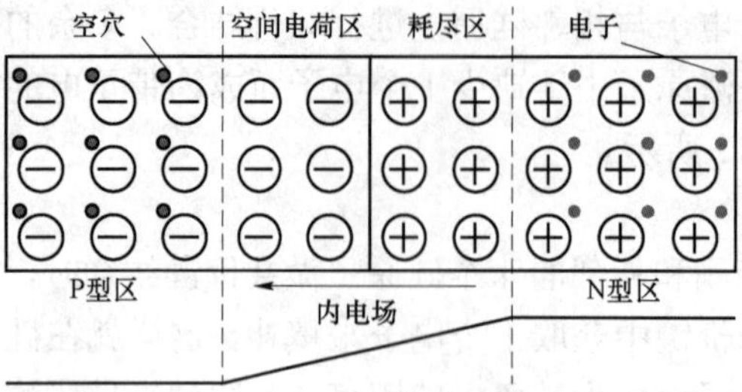

图 1-14　PN 结势垒电场

区指向 P 区，如图 1-14 所示。当具有一定能量的光照射到半导体上时，能量大于硅禁带宽度的光子，进入硅基半导体，在 N 型区、空间电荷区、P 型区中激发出大量处于非平衡状态的光生电子-空穴对，即光生载流子。

光生电子-空穴对在耗尽层产生后，立即被内建电场分类，光生电子被推向N型区，光生空穴被推向 P 型区。在 N 型区中，光生电子-空穴对向 PN 结的边界扩散，一旦达到耗尽区的边界，立即受到内建电场的作用，光生空穴被推进 P 型区，而光生电子被留在 N 型区。P 型区中的光生电子则同样扩散，后在电场力的作用下被推入 N 型区，光生空穴留在 P 型区。

因此 N 型区中有过剩的电子，P 型区中有过剩的空穴，在 PN 结两侧形成了正负电荷的积累，产生与势垒电场方向相反的光生电动势，如图 1-15 所示。这就是光生伏打效应。

2. 太阳能电池工作过程

利用硅基半导体制成的太阳能电池，在光的照射下，入射光子注入半导体激发出电子-空穴对。在势垒电场作用下，空穴-电子对被分类，电子集中在一边，空穴集中在另一边。被分离的电子和空穴，经电极收集输出到电池体外形成电流。

光电流从 P 型区经负载留至 N 型区，负载即得到功率输出，太阳发出的光能就转换成了电能，如图 1-16 所示。

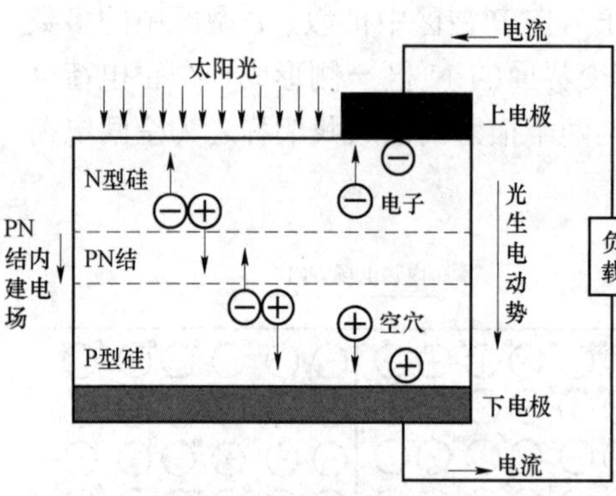

图 1-15　PN 结光生伏打效应原理图

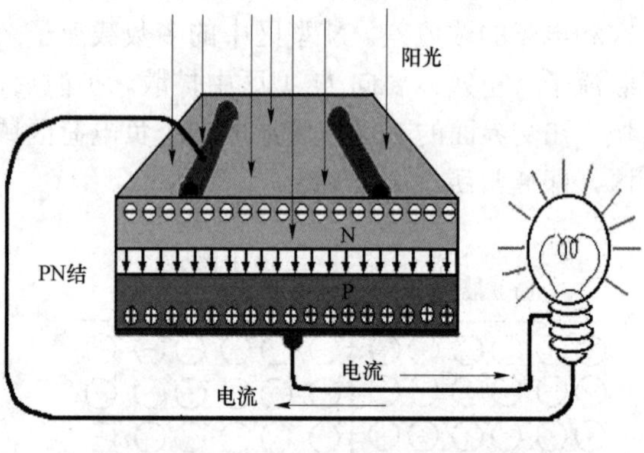

图 1-16　太阳能电池电路示意图

知识点 4　太阳能电池

讲解视频

1. 太阳能电池的分类

根据太阳能电池所用材料，可将太阳能电池分为晶硅太阳能电池和薄膜涂层太阳能光伏电池等，如图 1-17 所示。

其中，单晶硅太阳能电池转换效率最高，技术也最为成熟，在大规模工业应用中占主导地位，占据光伏发电市场的主要份额。其外形结构如图 1-18、图 1-19 所示。

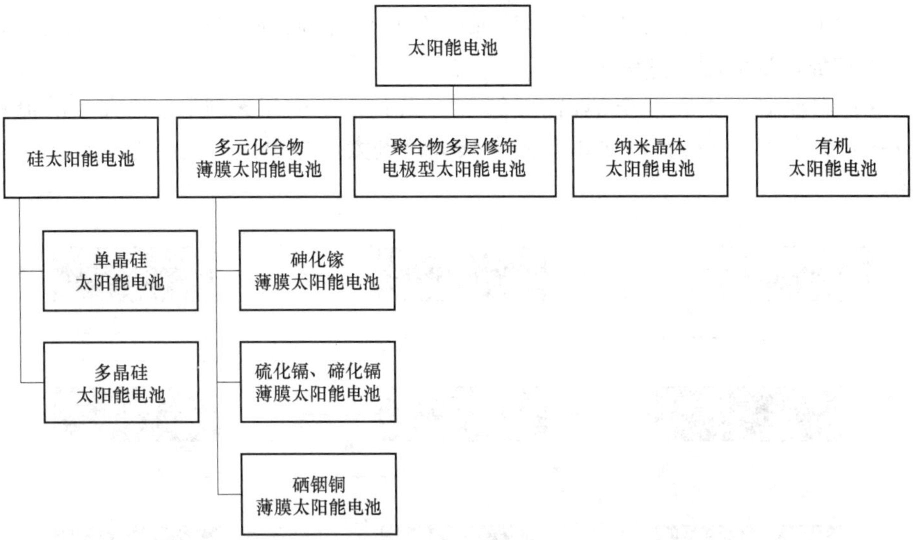

图 1–17　太阳能电池按所用材料分类

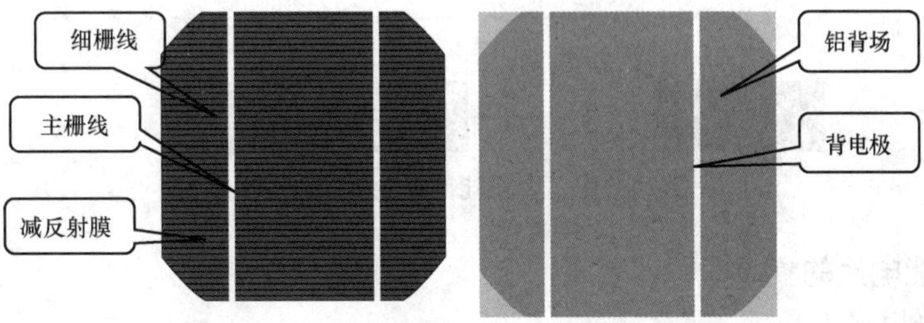

图 1–18　单晶硅太阳能电池片外形结构

非晶硅太阳能电池是一种以非晶硅化合物为基本组成的薄膜太阳能电池，造价比较低，便于大规模生产，有极大的应用潜力，如图 1–20 所示。但目前受限于其材料引起的光电效率衰退效应，稳定性不高，光电转化效率比较低，直接影响了它的实际应用范围。

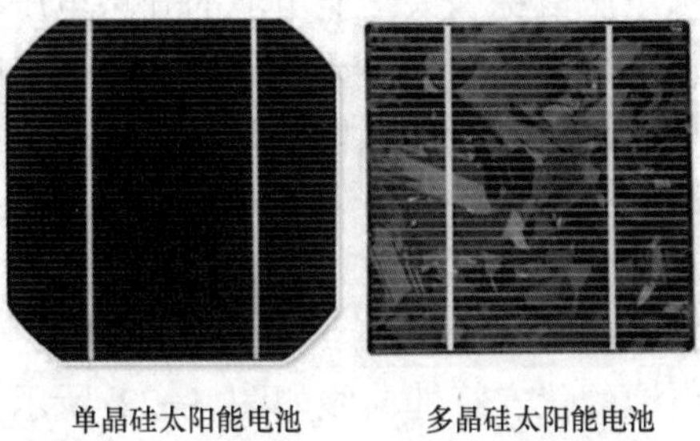

图 1–19　单晶硅太阳能电池片和多晶硅太阳能电池片外形结构对比图

图 1–20　非晶硅太阳能电池

砷化镓薄膜太阳能电池的转换效率可达 28%，具有十分理想的光学特性以及较高的吸收效率，抗辐射能力强，对热不敏感，适用于制造高效单结太阳能电池。但是砷化镓材料价格昂贵，还在很大程度上限制了它的普及。

碲化镉薄膜电池的效率较非晶硅薄膜太阳能电池高，成本较单晶硅电池低，易于大规模生产。但由于镉有剧毒，会对环境造成严重污染，因此并不是非常理想的电池产品。

2. 太阳能电池的制作流程

从硅材料到制成太阳能电池，需要经过一系列复杂的工艺过程，其大致的流程是：晶硅料→硅锭（棒）→硅片→电池。其中从硅片到太阳能电池，又经过了如图 1–21 所示的流程。

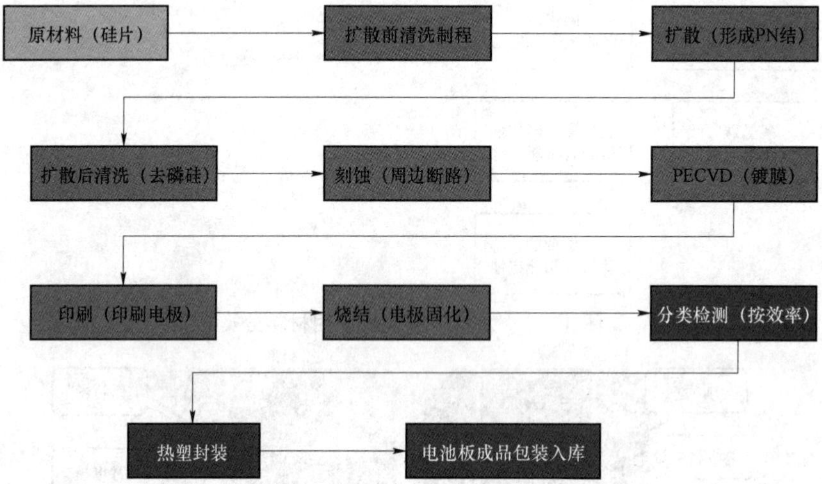

图 1–21　太阳能电池生产流程图

3. 太阳能电池的参数

（1）短路电流 I_{sc}

短路电流是指将太阳能电池片置于标准光源的照射下，在输出端短路时，流过太阳能光伏电池两端的电流。I_{sc} 的大小与太阳能电池的面积有关，面积越大，I_{sc} 值越大。

（2）开路电压 U_{oc}

当太阳能电池两端处于开路状态时，将其置于 1 000 W/m^2 的光源照射下，此时太阳能电池的输出电压值称为太阳能电池的开路电压，用 U_{oc} 表示。U_{oc} 与电池面积大小无关，随入射光强的增加而增大，在 1 000 W/m^2 的太阳光谱辐照度下，单晶硅太阳能电池的开路电压大约为 450～600 mV，最高可达 690 mV。

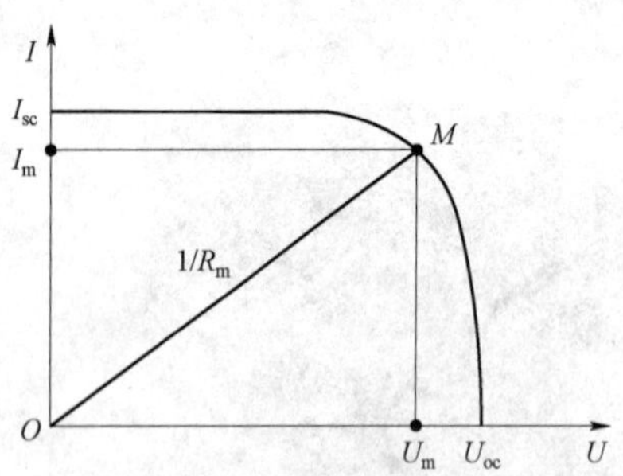

图 1–22　太阳能电池伏安特性曲线

（3）最大输出功率 P_m

太阳能电池的伏安特性曲线如图 1–22 所示，调节负载 R 到某一个数值 R_m 时，在曲线上得到点 M，M 点对应的工作电流 I_m 和工作电压 U_m 的乘积为最大，即 $P_m=U_mI_m$，U_m 称最大工作电压，I_m 称最大工作电流，P_m 称最大输出功率。

（4）转换效率 η

转换效率是指太阳能电池将光能转换为电能的能力，用百分比表示。外部回路上接最佳负载时的最大能量转换效率，等于太阳能电池的最大输出功率 P_m 与入射到太阳能电池表面积的能量 P_{in} 之比，用公式表示为

$$\eta=\frac{P_m}{P_{in}}\times 100\% \tag{1-1}$$

式中，P_m为太阳能电池最大输出功率；P_{in}为太阳能电池输入功率。

（5）填充因子FF

P_m与$U_{oc}I_{sc}$之比称为填充因子，用FF表示。对于$U_{oc}I_{sc}$值一定的特性曲线来说，填充因子越接近1，表明太阳能电池的效率越高。它是评估太阳能电池带负载能力的重要指标。用公式表示为

$$FF=\frac{P_m}{U_{oc}I_{sc}}=\frac{U_mI_m}{U_{oc}I_{sc}} \tag{1-2}$$

式中，I_{sc}为短路电路，U_{oc}为开路电压，I_m为最大工作电流，U_m为最大工作电压。

4. 太阳能电池的辐照度特性和温度特性

太阳能电池的辐照度特性是指输出功率随着辐照度（发光强度）的变化而变化的情况，辐照度特性曲线如图1–23所示。由图可知，在温度不变的情况下，太阳能电池输出电流的大小与辐照度的强弱成正比，开路电压随着辐照度的增强缓慢增加，最大功率几乎与辐照度成比例增加。另外，填充因子几乎不受辐照度的影响，在不同的辐照度条件下基本保持不变。

太阳能电池的温度特性是指输出功率随着温度的变化而变化的情况，其温度特性曲线如图1–24所示。由图可知，在辐照度不变的情况下，太阳能电池的温度升高时，输出功率将下降，即太阳能电池具有负温度系数特性；当温度上升时，太阳能电池的输出电流会随之略有增长，开路电压随着温度的上升逐渐减小，最大功率也随之减小。

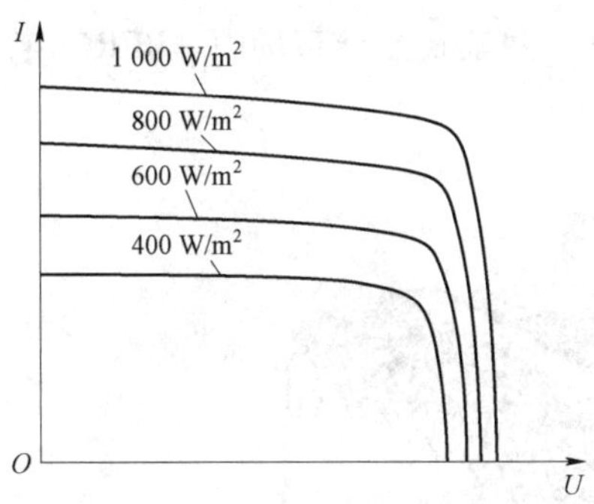

图1–23 太阳能电池的辐照度特性曲线

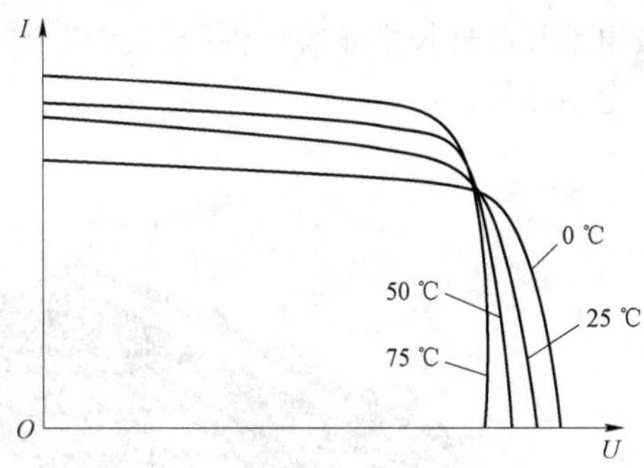

图1–24 太阳能电池的温度特性曲线

研究和实验表明，太阳能电池工作温度的升高会引起短路电流的少量增加，开路电压U_{oc}、填充因子FF、输出功率P_m、转换效率η下降。总的来说，温度升高，太阳能电池的功率下降，对于晶体硅温度系数为−0.35%/℃，对于非晶硅温度系数为−0.21%/℃。

5. 太阳能电池技术的发展

（1）太阳能电池技术发展现状

按照衬底材料，光伏电池可以分成P型电池和N型电池。目前，P型是主流光伏电池，市场占有率超过了85%。P型电池又分为两种，即BSF电池和PERC电池。其中前

者是 2020 年前绝对的主流，后者是目前绝对的主流，两者出现角色变换的时间是 2016 年，也是在这个过程中，量能从原来的不到 20%提升到 23%。N 型电池分为 TOPCon、HJT、IBC 三种，它们的量能转换效率大概在 25.5%，比 P 型电池高出 2 个百分点左右。

（2）BSF（aluminium black surface field）铝背场电池

常规 BSF 为第一代电池技术，基体材料是 P 型硅晶体，厚度在 0.18 mm 左右，基本制作工艺是在电池 PN 结制备完成后，通过扩散形成 0.25 mm 左右的 N 型半导体。于硅片的背光面沉积一层铝膜——无介电膜。铝背场电池效率损失来自背面与金属的复合。目前，铝背场电池已经基本淘汰。它的结构如图 1–25 所示。

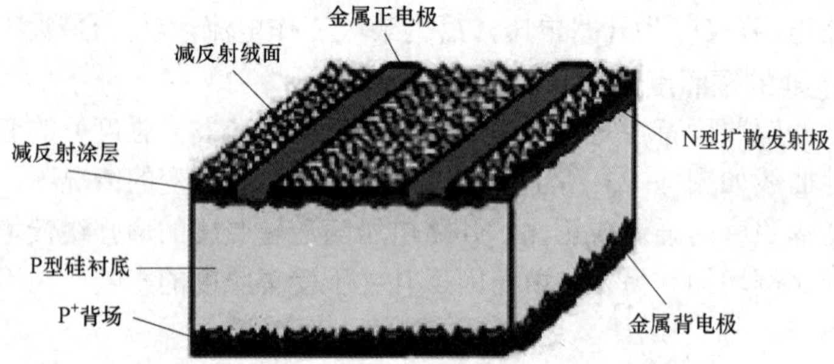

图 1–25　BSF 铝背场电池结构图

（3）PERC（passivated emitter rear cell）发射极和背面钝化电池

PERC 是在 BSF 的基础上衍生而来的。PERC 电池结构如图 1–26 所示。PERC 电池的工作原理是：在 BSF 背板上采用镀膜工艺生成电介质钝化膜，大大减少光电损失，尤其是降低光伏电池背面的复合损失，使得光电转换效率得以提高。PERC 电池可以与其他高效电池和组件技术兼容，性能还有持续提升空间。目前在全球市场中，PERC 电池是主流电池品类。

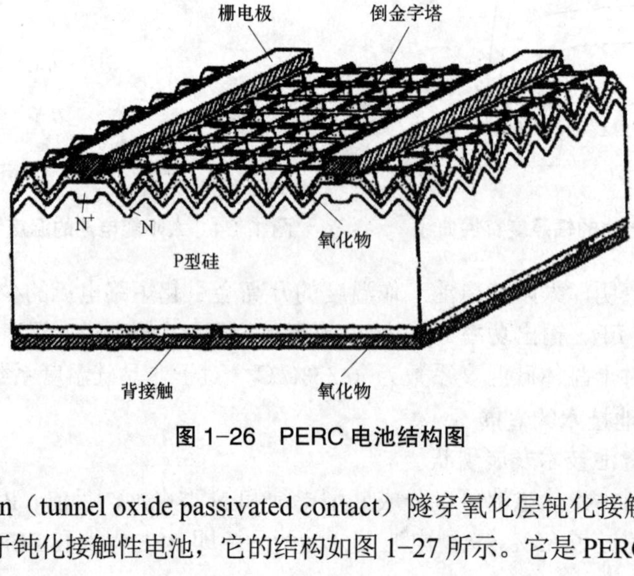

图 1–26　PERC 电池结构图

（4）TOPCon（tunnel oxide passivated contact）隧穿氧化层钝化接触太阳能电池

TOPCon 属于钝化接触性电池，它的结构如图 1–27 所示。它是 PERC 电池的升级款，其电池工艺与 PERC 相似，目前生产成本、运营成本仍较高，TOPCon 电池降本空间广阔。

（5）HJT（heterojunction with intrinsic thin layer）异质结电池

HJT 电池全称为具有本征非晶硅层的异质结电池，它是一种特殊的 PN 结技术，将两种不同的技术结合到一片太阳能电池中，即 N 型单晶硅片夹在两层非晶硅薄膜之间，通过在三个不同的晶硅和非晶硅材料层中构建电池结构来提升光电转换效率。HJT 电池结构如图 1-28 所示。

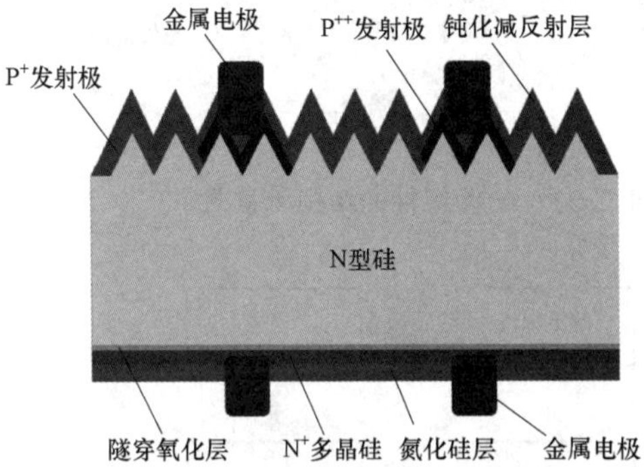

图 1-27　TOPCon 电池结构示意图

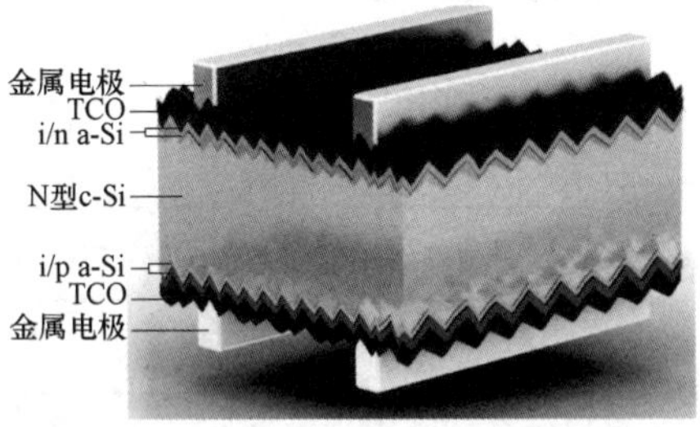

图 1-28　HJT 电池结构示意图

（6）IBC（interdigitated back contact）叉指状背接触电池

IBC 电池技术是指一种叉指状背接触的太阳能电池结构，其正负金属电极呈叉指状排列在电池背光面。IBC 独有的结构使其外形美观，高转换效率的单面结构等特有优势。IBC 电池结构如图 1-29 所示。

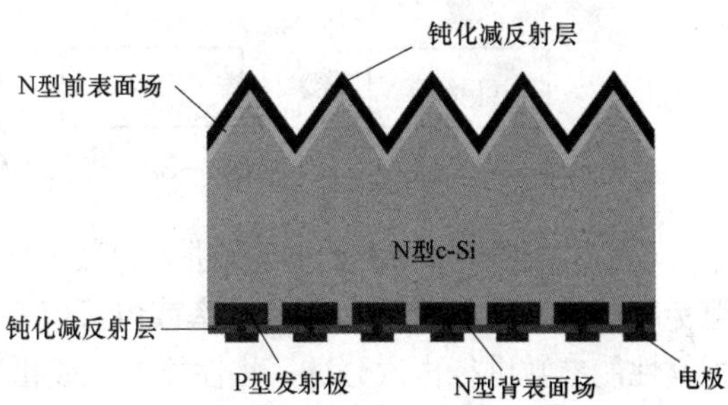

图 1-29　IBC 电池结构示意图

知识点 5　光伏组件

讲解视频

1. 光伏组件的结构

单体太阳能电池的输出电压、电流和功率都很小，一般来说，输出电压只有 0.5 V 左右，输出功率只有 1～2 W，不能满足作为电源的要求。为了提高输出功率，需要将多个单体电池合理地连接起来，并封装成组件，如图 1-30 所示。

近年来，晶硅太阳能光伏组件大多采用新型结构封装，即正面采用高透光率的钢化玻璃，背面是一层聚乙烯氟化物膜，电池两边用 EVA 或 PVB 胶热压封装，四周是轻质铝型材边框，由接线盒引出电极，如图 1-31 所示。

2. 组件的生产工艺流程

组件生产线又叫封装线，封装是光伏组件生产中的关键步骤。封装不仅使太阳能电池的寿命得以保证，而且还可以增强太阳能电池的抗击强度。光伏组件生产工艺流程如图 1-32 所示。

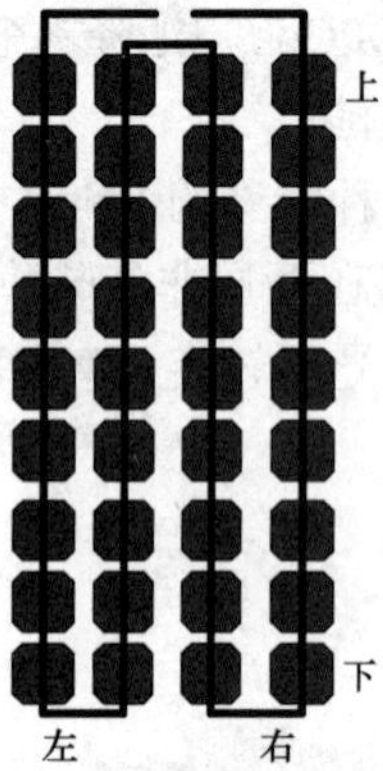

图 1-30　光伏组件内电池片布局图

图 1-31　光伏组件的结构示意图

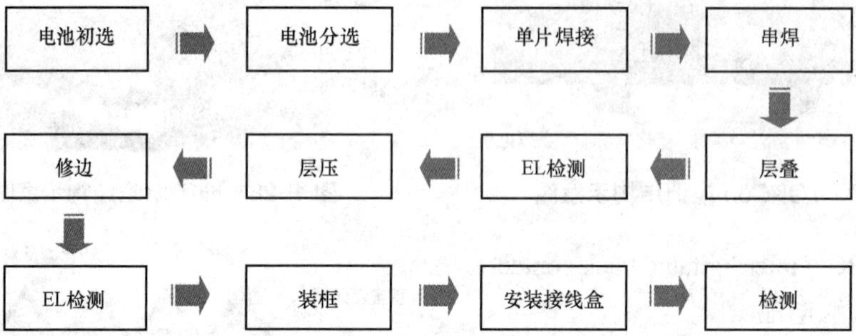

图 1-32　光伏组件生产工艺流程

（1）电池分选。尽管电池在进入封装工序以前，已经按功率等参数进行分档，但为了避免有些电池性能衰减后，其效率或电流值低于同档其他电池，导致组件效率降低，应根据其性能参数进行再次分选，将性能一致或相近的电池组合在一起，以提高组件输出功率。

（2）单片焊接。将焊带焊接到电池正面的主栅线上，以准备与其他电池串焊。焊带为镀锡铜带。目前焊接工序多采用自动焊接机，自动焊接有利于降低组件碎片率，提高焊接的可靠性和一致性。其工艺示意图如图 1-33 所示。

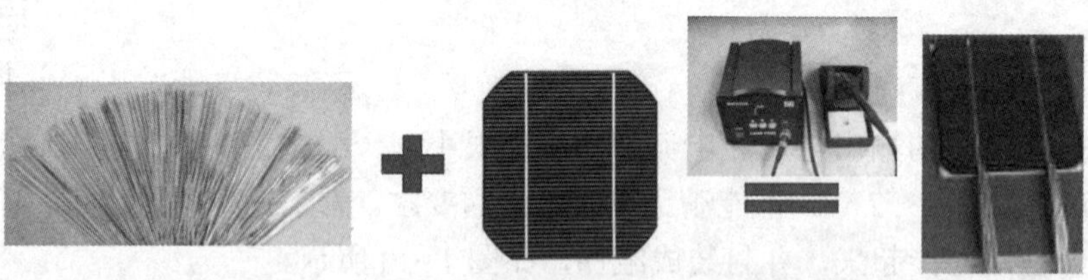

图 1-33　光伏组件单片焊接工艺示意图

（3）串焊。串焊是指将焊接好的单个电池从背面互相焊接成一个电池串。通常是 10 片或 12 片为一串。焊接时要求连接牢固，接触良好，间距一致，焊点均匀，表面平整，电池片间距控制在（1.5±0.5）mm。

（4）层叠。将一定数量的电池串串联成一个电路并引出正负电极，然后自下而上依次铺设光伏玻璃、EVA 胶膜、电池串、EVA 胶膜、光伏背板，构成光伏组件。铺设好后需进行一次 EL（电致发光）检测，检查是否有漏焊、虚焊、隐裂及黑斑等问题。其工艺如图 1–34 所示。

（5）EL 检测，用于检测电池（硅片）与组件的内部缺陷。叠层后、层压前的 EL 检测就是检测所有半成品光伏组件。如果发现问题，可以在层压前对有问题的太阳能电池进行更换。

（6）层压。将层叠好的组件放入层压机内，通过抽真空将组件内的空气抽出，然后加热使 EVA 胶膜熔化，熔融的 EVA 胶膜在挤压的作用下，流动充满玻璃、电池和背板之间的间隙，同时排出中间的气泡，从而将玻璃、电池和背板粘接在一起。层压机如图 1–35 所示。

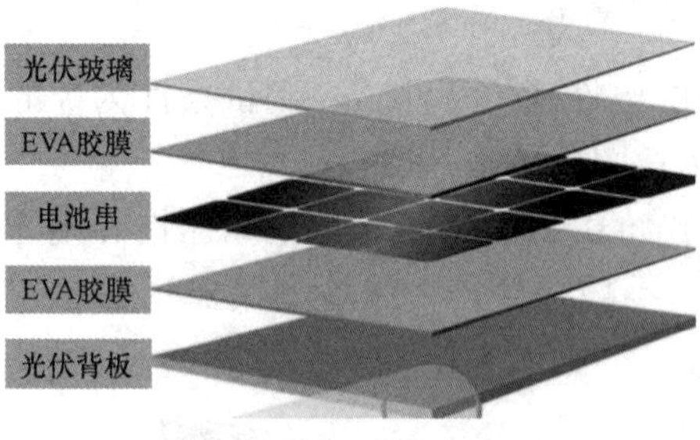

图 1–34　光伏组件层叠工艺示意图

图 1–35　层压机示意图

层压机一般包括上室和下室。层压时将铺设好的半成品放入层压机的下室，下室加热。上室下室同时抽真空，达到真空度后，上室逐渐充气加压。

抽真空的目的：排出封装材料层与层之间的空气以及层压过程中产生的空气，消除组件内的气泡。

加压的目的：在层压机内部造成一个压力差，产生层压所需要的压力，有利于 EVA 胶膜在固化过程中更加紧密。

（7）修边。层压时，EVA 胶膜熔化后，由于压力而向外延伸固化形成毛边，所以层压完毕后应将其切除。切除毛边后应再次进行 EL 检测，检验层压过程中产生的隐裂片和碎片，发现后应立即更换。

（8）装框。给组件安装铝边框可以增加组件的强度。铝边框与组件间的缝隙用硅胶填充，以进一步密封组件，延长组件的使用寿命。目前也有一些双玻组件采用无边框的设计形式。装框工艺示意图如图 1–36 所示。

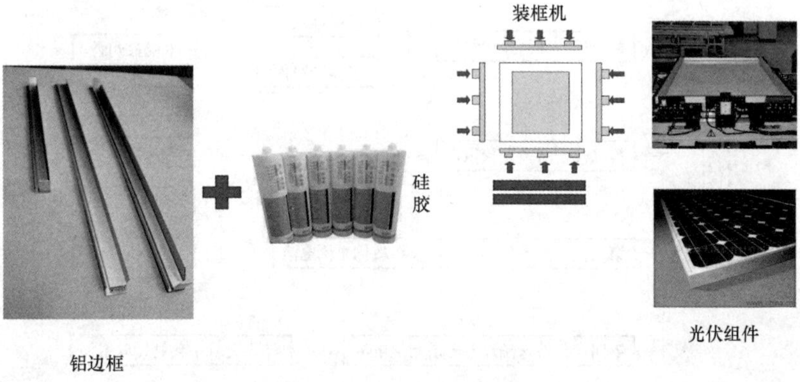

图 1–36　装框工艺示意图

（9）安装接线盒。将组件背板的引出线连接到接线盒里对应的正负极，并把接线盒粘结在背板上。在接线盒中安装有旁路二极管，有效地缓解了热斑效应对整个组件性能造成的影响。安装接线盒工艺示意图如图 1–37 所示。

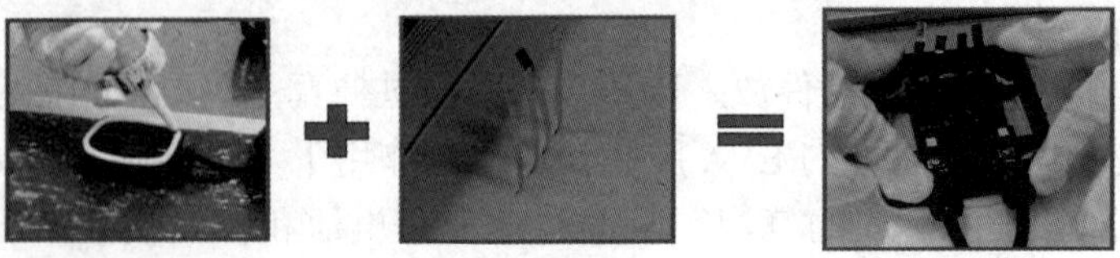

图 1–37　安装接线盒工艺示意图

（10）检测。使用光伏组件模拟器对光伏组件的电性能进行测试，测试条件为标准条件，即 AM1.5，25 ℃，1 000 W/m^2。检测仪器示意图如图 1–38 所示。

高压测试是指在组件边框和电极引线间施加一定的电压，测试组件的耐压性和绝缘强度，以保证组件在恶劣的自然条件（雷击等）下不被损坏。高压检测仪器示意图如图 1–39 所示。

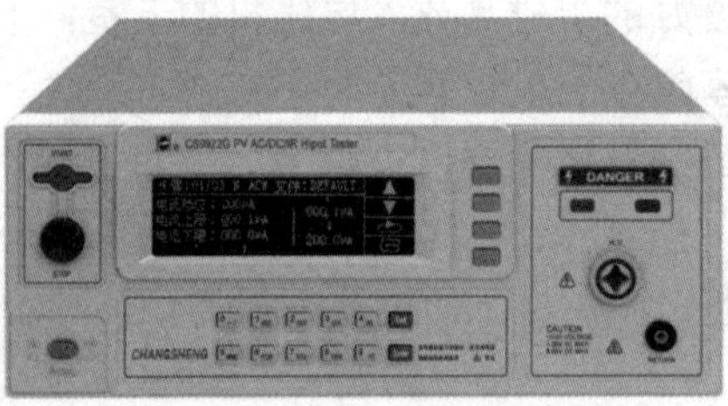

图 1–38　检测仪器示意图

图 1–39　高压检测仪器示意图

3. 光伏组件的分类

光伏组件分类如图 1–40 所示，目前，市场上近九成为晶硅光伏组件。晶硅光伏组件光电转换效率最高，其中产业化单晶硅光伏组件为 23%～24%，多晶硅光伏组件为 15%～18%。光伏组件性能指标比较如表 1–2 所示。

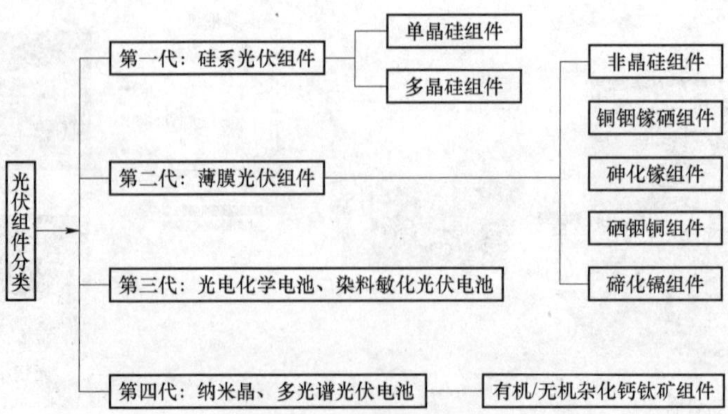

图 1–40　光伏组件分类

表 1-2　光伏组件性能指标比较

比较项	单晶硅	多晶硅	非晶硅
转换效率（%）	23～24	15～18	10～20
电输出稳定性	好	好	有光致衰减现象
弱光性能	一般	一般	弱光性好
电输出一致性	好	好	差
价格	高	高	较低
机械强度	具有一定抗振、抗冲击能力	具有一定抗振、抗冲击能力	抗振、抗冲击能力比较低

4. 光伏组件的参数

光伏组件的性能主要指电流–电压特性，可以用特性曲线描述，称光伏组件 I–U 曲线。该曲线描述组件输出电流和电压之间的关系，如图 1-41 所示。图上有三个重要意义的点，即最大功率点 P_m（$U_{mp}I_{mp}$）、开路电压（U_{oc}）和短路电流（I_{sc}）。

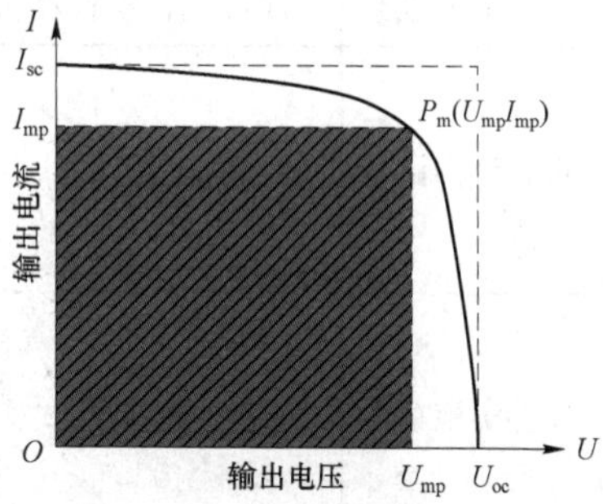

图 1-41　光伏组件伏安特性曲线

（1）短路电流 I_{sc}。当将光伏组件的正负极短路，使 U=0 时，此时的电流就是光伏组件的短路电流，短路电流随光照强度的变化而变化。

（2）开路电压 U_{oc}。开路电压是指在光照条件下，光伏组件电路没有接负载，即 I=0 时的电压。因无电流，输出电压最大。

（3）最大功率 P_m。最大功率是指在一定负载条件下，光伏组件输出的最大功率。在标准测试条件下，光伏组件输出的最大功率称峰值功率。与最大功率点相对应的负载，称最佳负载。将最大功率点下的电压和电流相乘即可得到最大输出功率点的功率值。超过最大功率点后，大多数组件随着电压的增大，输出电流或输出功率将减小。

（4）最大工作电压 U_{mp}。最大工作电压是指输出最大功率时的电压。

（5）最大工作电流 I_{mp}。最大工作电流是指输出最大功率时的电流。

（6）转换效率。转换效率是指外部电路连接最佳负载时的最大能量转换效率，是光伏组件最大输出功率与照射到光伏组件的太阳光的功率之比，通常用百分比表示。

（7）填充因子。填充因子也叫曲线因子，是指光伏组件最大功率与开路电压和短路电流乘积的比值。填充因子的值越高，表明电池组件的光电转换效率越高。光伏组件的填充因子系数一般在 0.5～0.8 之间。

$$FF=\frac{P_m}{I_{sc}U_{oc}}$$

1.2.4　任务实施

1. 光伏组件的接线调试与检查

（1）检测开路电压。

（2）连接可变负载。

2. 光伏组件的特性测试

（1）使用万用表检测电压和电流。

（2）采集数据，绘制 I–U 和 P–U 曲线。

（3）改变光照条件进行测试。

1.2.5 任务实施单

任务名称	认识光伏组件	完成时长	
班级		组别	
学号		姓名	
任务要求	连接光伏组件相关电路，并完成相关参数测试		
实施过程记录			
任务实施总结			

1.2.6 任务验收单

任务名称	认识光伏组件	验收时间	
班级		组别	
学号		姓名	
任务要求	连接光伏组件相关电路，并完成相关参数测试		
验收要点	序号	验收内容	验收结果
	1	能识别和检查光伏直流电缆，确保电缆无破损等	
	2	能检测组件开路电压	
	3	能检查组件短路电流	
	4	能绘制 I–U 和 P–U 曲线	
验收结果			

1.2.7　任务评价单

学生自我评价单

项目 1	认识光伏发电技术	任务 1.2	认识光伏组件		
评价项目		8≤优≤10（分）	6≤良<8（分）	4≤中<6（分）	2<差<4（分）
1. 学习态度是否主动，能否及时完成教师布置的各项任务					
2. 是否完整地记录探究活动的过程，收集的有关信息和资料是否完整					
3. 能否根据学习资料对任务进行合理分析，并对所制定的方案进行可行性分析					
4. 是否能够完全领会教师的授课内容，并快速掌握技能					
5. 是否积极参与各种讨论，并能清晰地表达自己的观点					
6. 能否独立或合作完成任务					
7. 对出现的问题是否能主动思考，并使用现有知识进行解决，以及知道自己在某些知识方面的不足之处					
8. 是否通过任务训练达到学习目标					
9. 是否有安全、环保意识与团队合作意识					
10. 工作过程中是否能保持整洁、有序、规范的工作环境					
姓名		日期		总评	
任务总结					

学生互评单

项目 1	认识光伏发电技术	任务 1.2	认识光伏组件
评价项目			评分
1. 在组队中是否称职，能否按计划完成团队任务（20 分）			
2. 能否主动思考并解决问题（20 分）			
3. 是否完成任务（20 分）			
4. 是否有团队合作意识（20 分）			
5. 是否积极参与各种讨论，并能清晰地表达自己的观点（20 分）			
评价人			合计
改进建议			

教师评价单

考核点	标准（分）	得分
任务方案准备与计划	20	
实施操作及团队协作	20	
知识和技能掌握情况	20	
数据记录与分析	20	
任务汇报与总结	20	
合计	100	

任务评价单

项目 1	认识光伏发电技术	学生自评	学生互评	教师评分	总分
		30%	30%	40%	
任务 1.2	认识光伏组件				

1.2.8　自我评测

1. 太阳能电池的技术参数有哪些？其物理意义分别是什么？
2. 简述晶体硅光伏组件的典型结构。
3. 光伏组件封装的工艺流程有哪些？

课后习题

任务 1.3　初识光伏发电系统

学习目标

1. 知识目标

掌握光伏发电系统的分类及应用。

2. 能力目标

（1）能阐述光伏发电系统的分类及具体应用。

（2）能说明离网型光伏发电系统和并网型光伏发电系统的各组成部分及作用。

（3）能分析离网型光伏发电系统和并网型光伏发电系统的工作过程。

3. 素养目标

（1）培养利用网络查阅资料的能力。

（2）提高主动学习的能力。

1.3.1　任务引入

光伏发电系统是利用太阳能电池的光伏效应将太阳辐射直接转换成电能的发电系统。根据负载的性质、应用领域以及是否与电力系统并网等特征，光伏发电系统可以分为不同的类型。按照光伏系统的结构特点，可将太阳能光伏发电系统分为离网型（独立）光伏发电系统、并网型光伏发电系统、光伏储能发电系统（并离网储能系统、光伏并网储能系统）和多种能源混合微电网系统等。根据光伏系统负载性质的不同，还可将光伏发电系统分为直流光伏发电系统和交流光伏发电系统。此外，还有互补型光伏发电系统（混合系统及小规模新能源系统等）。

请结合学习、工作等场合的光伏发电系统，分析其类型、构成和结构特点。

1.3.2　任务工单

任务名称	初识光伏发电系统	指导教师	
班级		组别	
学号		姓名	
任务描述	分析学习、工作等场合的光伏发电系统类型、构成和结构特点		
材料清单	设备：各类光伏发电系统 工具：万用表、剥线钳、压线钳 耗材：导线、号码管、线鼻子		
知识点	1. 光伏发电系统的分类 2. 光伏发电系统的应用 3. 认识光伏发电技术的特点 4. 我国光伏产业发展情况		
技能点	分析光伏发电系统的类型和构成		

1.3.3　知识点链接库

讲解视频

知识点 1　光伏发电系统的分类

根据接入公共电网的方式，可将光伏发电系统分为离网型光伏发电系统和并网型光伏发电系统。

（1）离网型光伏发电系统

离网型光伏发电系统也称独立光伏发电系统，其不依赖电网独立运行，直接向负载供电。一般应用于偏僻山区、无电区、海岛、通信基站和路灯等。系统通常由光伏组件、控制器、逆变器、蓄电池、负载等构成。离网型光伏发电系统在有光照的情况下将太阳能转换为电能，给负载供电，同时给蓄电池充电；在无光照时，由蓄电池通过逆变器给负载供电。其主要应用场景包括：一是通信工程和工业应用，包括微波中继站、卫星通信和卫星电视接收系统、铁路公路信号系统、气象站、地震台等；二是农村和边远地区应用，包括光伏户用系统、光伏路灯、光伏水泵等。带有蓄电池且可以独立运行的光伏发电系统，对无电网地区或经常停电地区，实用性很强。

根据负载的种类以及是否使用蓄电池、逆变器，离网型光伏发电系统可分为直流负载直结型、直流负载蓄电池使用型、交流负载蓄电池使用型、直交流负载蓄电池使用型等。

① 直流负载直结型系统

直流负载直结型系统如图 1-42 所示，光伏组件与负载直接连接。由于该系统是一种不带蓄电池的独立系统，它只能在日照不足时、光伏发电系统不工作也无关紧要的情况下使用，如灌溉系统、水泵系统等。

② 直流负载蓄电池使用型系统

直流负载蓄电池使用型系统如图 1-43 所示，其由光伏组件、蓄电池组、控制器以及直流负载等构成。蓄电池组用来存储电能以供直流负载使用。白天阳光充足时，光伏发电系统把其所产生的电能，一部分供直流负载使用，另一部分（剩余电能）则存入蓄电池组。夜间、阴雨天时，则由蓄电池组向直流负载供电。这种系统一般用在夜间照明（如庭院照明等）、交通指示用电源、边远地区设置的微波中继站等通信设备备用电源、远离电网的农村用电源等场合。目前这种系统比较常用。

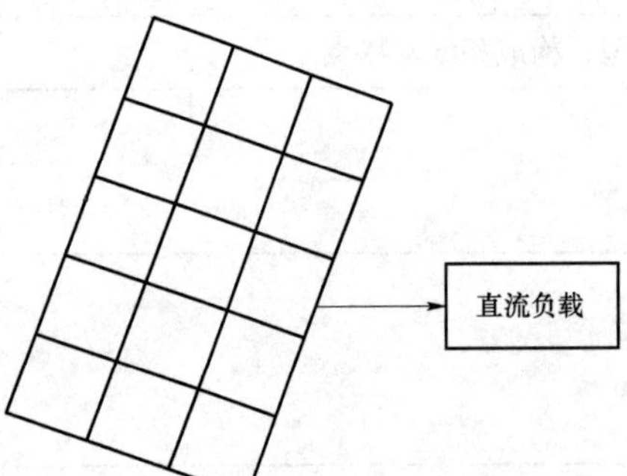

图 1-42　直流负载直结型系统

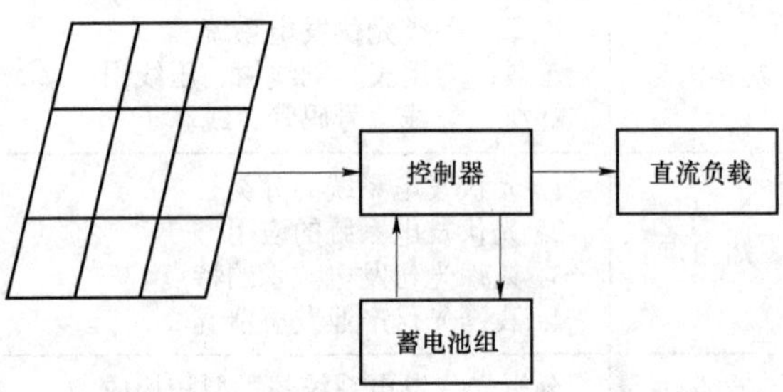

图 1-43　直流负载蓄电池使用型系统

③ 交流负载蓄电池使用型系统

图 1-44 所示为交流负载蓄电池使用型系统，其由光伏组件、蓄电池组、控制器、逆变器以及交流负载等构成。该系统主要用于家用电器设备，如电视机、电冰箱和洗衣

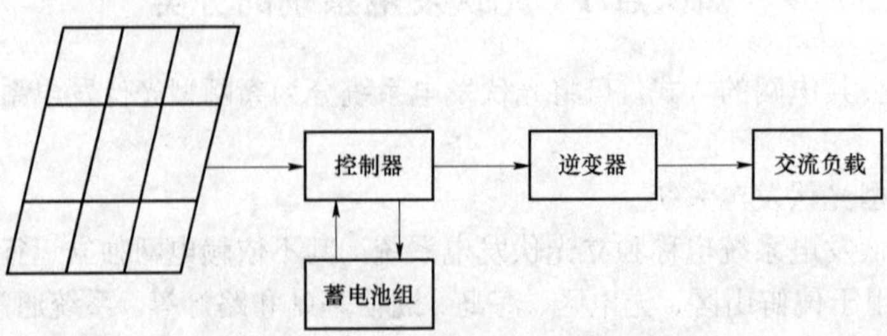

图 1-44　交流负载蓄电池使用型系统

机等。由于这些设备为交流设备，而光伏组件输出直流电，因此必须使用逆变器将光伏组件输出的直流电转换为交流电。当然，根据不同系统的实际需要，也可不使用蓄电池组，只在白天为交流负载提供电能。

④ 直交流负载蓄电池使用型系统

图 1–45 所示为直交流负载蓄电池使用型系统，其由光伏组件、蓄电池组、控制器、逆变器、直流负载以及交流负载等构成。该系统可同时为直流设备以及交流电气设备提供电能。由于该系统为直流、交流负载混合系统，除了为直流设备供电之外，还要为交流设备供电，因此，同样要使用逆变器将直流电转换成交流电。

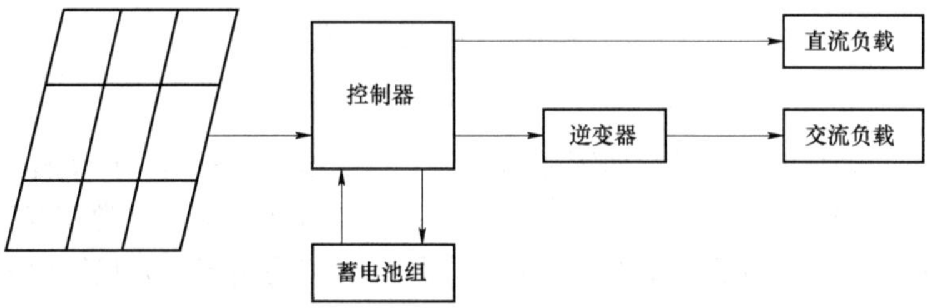

图 1–45　直交流负载蓄电池使用型系统

（2）并网型光伏发电系统

并网型光伏发电系统是指将光伏发电系统与电力系统并网的系统，包括无逆流并网型光伏发电系统、有逆流并网型光伏发电系统、切换式并网型光伏发电系统、自立运行切换式并网型光伏发电系统、直流并网型光伏发电系统、交流并网型光伏发电系统等。

① 无逆流并网型光伏发电系统

正常情况下，相关负载由光伏组件提供电能，而当光伏组件所提供的电能不能满足负载需要时，则负载从电力系统得到电能；如果光伏组件所提供的电能除了满足负载使用要求外，还有剩余电能，系统不把剩余电量流向电网。人们将此类光伏发电系统称为无逆流并网型光伏发电系统，如图 1–46 所示。

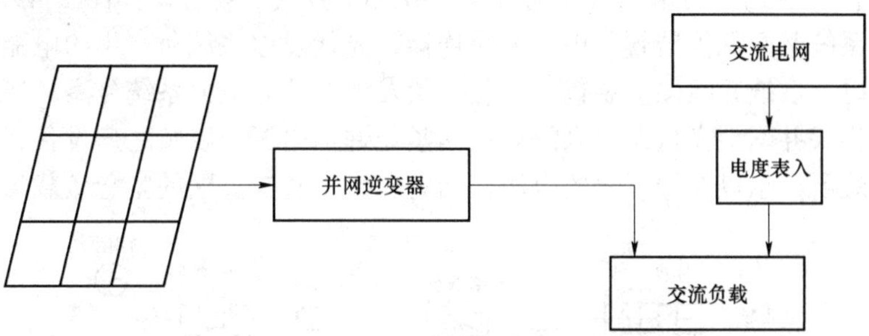

图 1–46　无逆流并网型光伏发电系统

② 有逆流并网型光伏发电系统

正常情况下，相关负载由光伏组件提供电能，当光伏组件所提供的电能不能满足负载需要时，则负载从电力系统得到电能；如果光伏组件所提供的电能除了满足负载使用要求外，还有剩余电能，且能将剩余电能流向电网。人们将此类光伏发电系统称为有逆流并网型光伏发电系统，如图 1–47 所示。对于有逆流并网型光伏发电系统来说，由于光伏组件产生的剩余能量可以提供给其他负载，因此可以充分发挥光伏组件的发电能力，使电能得到最大化利用。

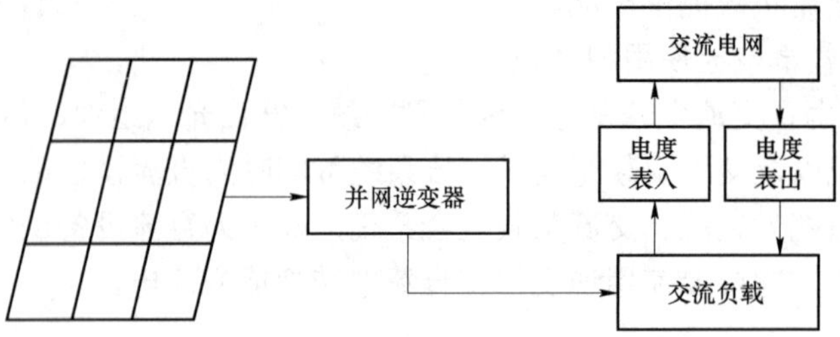

图 1-47 有逆流并网型光伏发电系统

③ 切换式并网型光伏发电系统

切换式并网型光伏发电系统如图 1-48 所示。该系统主要由光伏组件、蓄电池组、控制器、逆变器、自动转换开关电器（ATSE）以及负载等构成。正常情况下，光伏发电系统与电网分离，直接向负载供电；当光照不足或连续阴雨天，光伏发电系统发电量不足时，自动转换开关电器自动切向电网一边，由电网向负载供电。

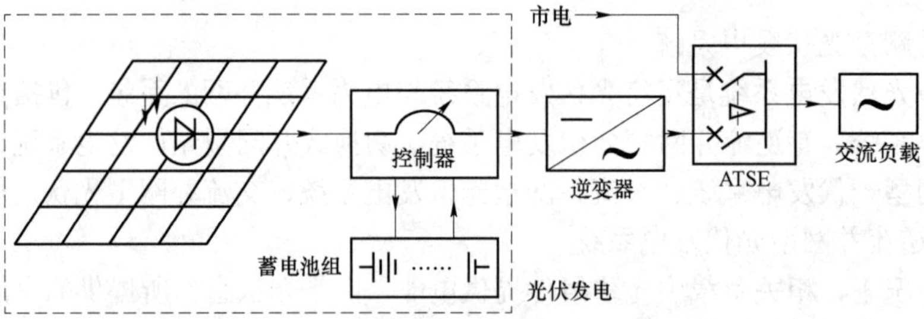

图 1-48 切换式并网型光伏发电系统

④ 自立运行切换式并网型光伏发电系统

自立运行切换式并网型光伏发电系统一般用于救灾等场合，如图 1-49 所示。通常该系统通过系统并网保护装置与电力系统连接，光伏发电系统所产生的电能供给负载。当灾害发生时，系统并网保护装置动作使光伏发电系统与电力系统分离；带有蓄电池的自立运行切换式并网型光伏发电系统可作为紧急通信电源，以及医疗设备、加油站、道路指示、避难所指示以及照明等的电源，当灾害发生时向灾区的紧急负载供电。

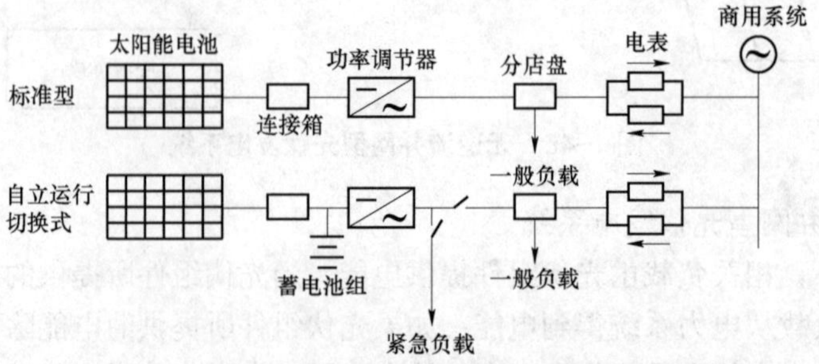

图 1-49 自立运行切换式并网型光伏发电系统

⑤ 直流并网型光伏发电系统

直流并网型光伏发电系统把城市电力系统的交流电整流成直流电，再与光伏发电系统的直流电并网运行。直流并网型光伏发电系统接线原理图如图 1-50 所示。

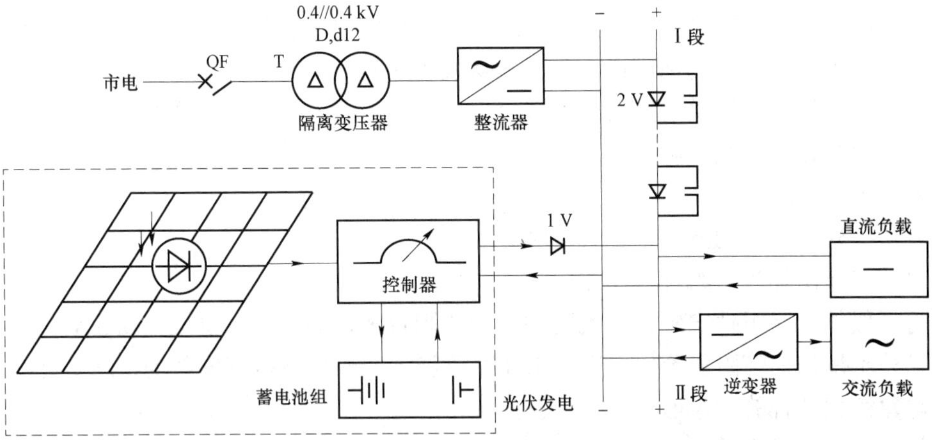

图 1-50　直流并网型光伏发电系统接线原理图

⑥ 交流并网型光伏发电系统

交流并网型光伏发电系统把光伏发电系统的直流电逆变为交流电，再与交流电并网运行。其主要由光伏组件、并网逆变器、交流负载、交流电网等组成，如图 1-51 所示。白天有日照时，光伏组件发出的电经并网逆变器直接为交流负载供电。

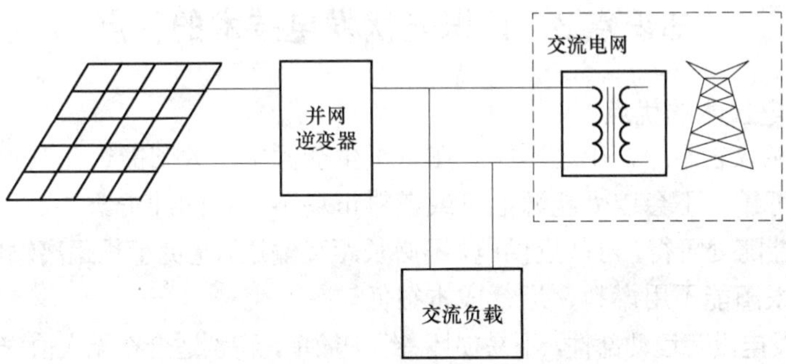

图 1-51　交流并网型光伏发电系统接线原理图

知识点 2　光伏发电系统的应用

1. 光伏照明

光伏照明系统种类很多，目前应用最广泛的是光伏照明电源。

（1）小型照明灯具，如：光伏路灯、投射灯、庭院灯、草坪灯、手提灯等。

（2）大型照明灯具，如：机场跑道照明灯、宾馆室外照明、广告牌照明、公路隧道照明等。

（3）交通信号灯，如：标志灯、警示灯等。

2. 光伏农业

光伏农业是指将光伏发电技术应用于现代农业生产中，在不改变原有土地性质和地形地貌的基础上，将光伏发电与农业种植、畜牧有机结合，实现“板上光伏发电，板下现代农业”的一种新型农业方式。在生态方面，具有显著的节能减排效益；在农业方面，创新了农业发展新模式；同时，推动了当地能源结构优化，创造了良好的社会和经济效益。

光伏大棚是在大棚的向阳面上铺设光伏发电装置的一种新型温室，它既具有发电能力，又能为经济作物提供适宜的生长环境，还可以根据需要使用半透明的光伏组件，为温室内的植物提供阳光和温度。

3. 光伏建筑

光伏与建筑结合的方式主要有两种。

（1）建筑附加光伏组件（BAPV）

将一般的光伏组件安装在建筑物的屋顶或阳台上，向建筑物供电。BAPV 除了产生电能以外不增加任何附加价值，通常是在建筑施工完成后再进行安装的，这是光伏发电系统与建筑相结合的初级形式。

（2）建筑集成光伏组件（BIPV）

光伏组件与建筑材料融为一体，采用特殊的材料和工艺手段，使光伏组件可以直接作为建筑材料使用，既能发电，又可作为建材，能够进一步降低发电成本。

4. 水面光伏

利用湖泊、水库、鱼塘等闲置的水面建设光伏电站。近年来，水面光伏电站发展非常迅速。

知识点 3　认识光伏发电技术的特点

讲解视频

1. 光伏发电技术的优点

（1）太阳能取之不尽，用之不竭。在可再生能源中，太阳能远比其他能源多，并且光伏发电安全可靠，不会遭受能源危机或燃料市场不稳定的冲击。

（2）太阳能随处可得，可就近供电，不必长距离输送，避免了长距离输电线路的损失。

（3）获取太阳能不用燃料，运行成本很低。

（4）光伏发电没有运动部件，不易损坏、维护简单，特别适合在无人值守的情况下使用。

（5）光伏发电不产生任何废弃物，没有污染、噪声等公害，对环境无不良影响，是理想的清洁能源。

（6）光伏发电系统建设周期短，方便灵活，可以根据负载的增减，任意添加或减少光伏阵列，避免浪费。

2. 光伏发电技术的缺点

（1）地面应用时有间歇性和随机性。发电量与气候条件有关，晚上或者阴雨天就不能或很少发电。如要随时为负载供电，需要配备储能设备。

（2）能量密度低。在标准条件下，地面上接收到的太阳能辐射强度为 1 000 W/m^2。大规模使用时，需要占用较大面积。

知识点 4　我国光伏产业发展情况

1. 我国光伏产业发展历程

我国光伏产业于 2005 年前后受欧洲市场需求拉动起步，近二十年来实现了从无到有、从弱到强的跨越式大发展，构建了完善的市场环境和配套环境，已经成为我国产业经济发展的一张崭新名片和推动我国能源变革的重要引擎，也成为我国为数不多、可以同步参与国际竞争并达到国际领先水平的战略性新兴产业。目前，我国光伏产业在制造规模、产业化技术水平、应用市场拓展、产业体系建设等方面均位居全球前列，并具备向智能光伏迈进的坚实基础。

（1）快速发展期（2004—2008）

我国成为世界最大的太阳能光伏产品制造基地，电池制造、组件封装、切片技术居世界先进水平。

（2）行业调整期（2008—2009）

我国的光伏制造业面临着国际市场需求减少的困境，受到重挫。

（3）逆势爆发增长期（2009—2010）

我国出台了应对金融危机的一揽子政策，光伏产业成为战略性新兴产业，催生了新一轮光伏产业投资热潮。

（4）剧烈调整期（2011—2013）

光伏制造业陷入阶段性产能过剩，产品价格大幅下滑，贸易保护主义兴起，我国光伏制造业再次经历挫折。

（5）逐渐回暖期（2014—2018）

我国及全球主要的光伏市场装机容量持续快速健康增长。

（6）产业加速升级期（2019 至今）

光伏产业发展市场化程度提高，进一步优化光伏产能建设，淘汰落后产能，加快产业升级。

2. 我国光伏产业发展的现状

光伏产业是半导体技术与新能源需求相结合而衍生的行业。大力发展光伏产业，对调整能源结构，推进能源生产和消费革命，促进生态文明建设具有重要意义。我国已将光伏产业列为国家战略性新兴产业之一。在产业政策引导和市场需求驱动的双重作用下，我国光伏产业实现了快速发展，已经成为我国可参与国际竞争并取得领先优势的产业。光伏产业链结构如图 1–52 所示。

目前，我国已建成由光伏上游硅材料及设备、中游电池组件到下游发电系统的成熟且具有竞争力的光伏产业链，在国际上处于领先地位，产业形态具备产能持续增长、降本增效深入推进、产业集中度进一步提升、新领域持续增长的特点。在“碳达峰、碳中和”目标推动下，我国光伏产业迎来了重大发展机遇期，新增开发应用规模达历史新高。2023 年，我国光伏产业规模持续扩大，多晶硅、硅片、电池、组件等主要制造环节产量同比增长均超过 64%，行业总产值超过 1.75 万亿元。2024 年上半年，我国光伏产业链主要环节（多晶硅、硅片、电池、组件）的产量同比增长均超过 30%，显示出强大的增

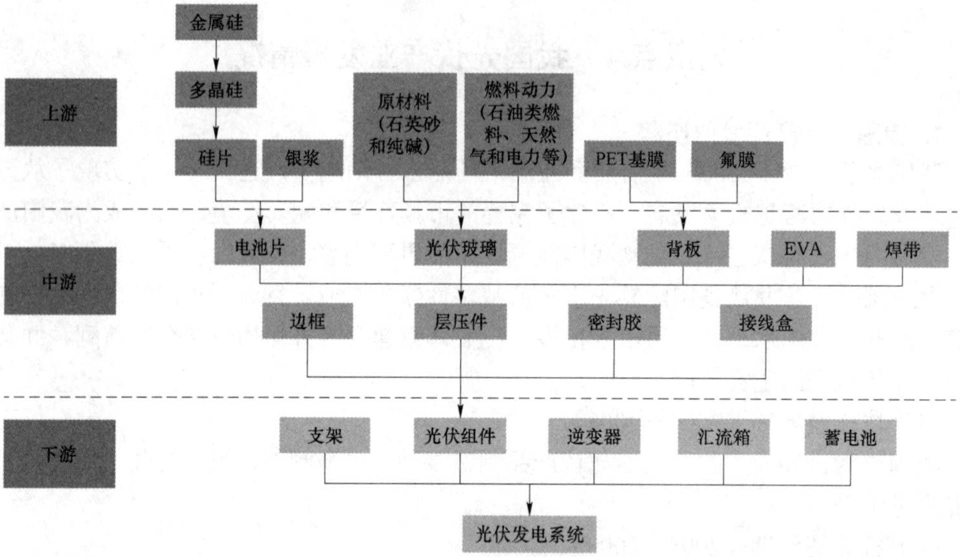

图 1-52　光伏产业链结构

长动力。特别是在制造端，多晶硅产量约 106 万吨，同比增长约 60.6%；硅片产量约 402 GW，同比增长约 58.9%。这种高增长态势不仅巩固了我国在全球光伏市场的领先地位，也推动了行业的技术进步。2024 年，光伏组件出口量同比增长近 13%，太阳能电池成为我国外贸“新三样”之一。光伏产品的出口规模持续扩大，市场份额不断攀升，为全球光伏市场的增长提供了有力支撑。2021 年世界主要国家和地区太阳能电池、光伏组件产量市场份额如图 1-53 所示。

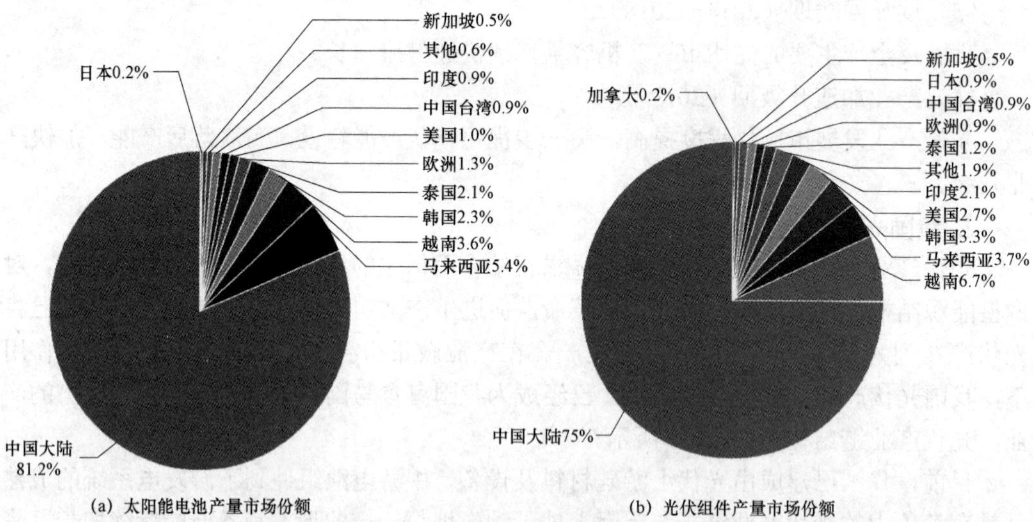

图 1-53　2021 年世界主要国家和地区太阳能电池、光伏组件产量市场份额

截至 2023 年底，我国光伏发电累计装机容量达到 6.09 亿 kW。其中，2023 年 2 月，我国光伏产业新增装机容量超过 216 GW，同比增长 148.1%，全球占比历史性超过了 50%，超越水电装机规模，成为装机量仅次于火电的第二大电源形式，在电力能源结构中的地位进一步攀升。可见光伏发电系统在能源供应中的重要地位。

3. 我国可再生能源产业发展目标

2021 年，国家发展改革委、国家能源局等九部门联合印发《“十四五”可再生能源发展规划》，锚定“碳达峰、碳中和”目标，紧紧围绕 2025 年非化石能源消费占比 20%左右的要求，设置了四个主要目标，一是总量目标，2025 年，可再生能源消费总量达到 10 亿吨标准煤左右，“十四五”期间可再生能源在一次能源消费增量中的占比超过 50%；二是发电目标，2025 年，可再生能源年发电量达到 3.3 万亿千瓦时左右，“十四五”期间，可再生能源发电量增量在全社会用电量增量中的占比超过 50%，风电和太阳能发电量实现翻倍；三是消纳目标，2025 年，全国可再生能源电力总量和非水电消纳责任权重分别达到 33%左右和 18%左右，可再生能源利用率保持在合理水平；四是非电利用目标，2025 年，地热能供暖、生物质供热、生物质燃料、太阳能热利用等非电利用规模达到 6 000 万吨标准煤以上。

同年，国家能源局印发《关于 2021 年风电、光伏发电开发建设有关事项的通知》（国能发新〔2021〕25 号，以下简称《通知》），《通知》总体要求“2021 年，全国风电、光伏发电发电量占全社会用电量的比重达到 11%左右，后续逐年提高，确保 2025 年非化石能源消费占一次能源消费的比重达到 20%左右”。

1.3.4　任务实施

1. 结合一个实际的离网型光伏发电系统，识别光伏阵列（或组件）、光伏控制器、储能装置和离网逆变器等设备，记录设备的型号，说明其作用，分析离网型光伏发电系统的工作原理。
2. 结合一个实际的并网型光伏发电系统，识别光伏阵列（或组件）、光伏控制器、并网逆变器等设备，记录设备的型号，说明其作用，分析并网型光伏发电系统的工作原理。
3. 参观一个实际的光伏电站，并通过网络等媒介搜集光伏电站的相关资料，了解光伏电站的基本情况和光伏发电的相关知识。
4. 利用实训室光伏发电系统实训设备，分析其工作原理，仔细观察其接线电路。
5. 任务实施过程中，要注意安全用电。

1.3.5　任务实施单

任务名称	初识光伏发电系统	完成时长	
班级		组别	
学号		姓名	
任务要求	分析学习、工作等场合的光伏发电系统类型、构成和结构特点		
实施过程记录			
任务实施总结			

1.3.6 任务验收单

<table>
<tr><td>任务名称</td><td colspan="2">初识光伏发电系统</td><td>验收时间</td><td></td></tr>
<tr><td>班级</td><td colspan="2"></td><td>组别</td><td></td></tr>
<tr><td>学号</td><td colspan="2"></td><td>姓名</td><td></td></tr>
<tr><td>任务要求</td><td colspan="4">分析学习、工作等场合的光伏发电系统类型、构成和结构特点</td></tr>
<tr><td rowspan="4">验收要点</td><td>序号</td><td colspan="2">验收内容</td><td>验收结果</td></tr>
<tr><td>1</td><td colspan="2">正确识别光伏发电系统的类型</td><td></td></tr>
<tr><td>2</td><td colspan="2">正确分析光伏发电系统的构成</td><td></td></tr>
<tr><td>3</td><td colspan="2">正确分析光伏发电系统是否并网等特点</td><td></td></tr>
<tr><td>验收结果</td><td colspan="4"></td></tr>
</table>

1.3.7 任务评价单

学生自我评价单

<table>
<tr><td>项目 1</td><td>认识光伏发电技术</td><td colspan="2">任务 1.3</td><td colspan="3">初识光伏发电系统</td></tr>
<tr><td colspan="3">评价项目</td><td>8≤优≤10（分）</td><td>6≤良<8（分）</td><td>4≤中<6（分）</td><td>2<差<4（分）</td></tr>
<tr><td colspan="3">1. 学习态度是否主动，能否及时完成教师布置的各项任务</td><td></td><td></td><td></td><td></td></tr>
<tr><td colspan="3">2. 是否完整地记录探究活动的过程，收集的有关信息和资料是否完整</td><td></td><td></td><td></td><td></td></tr>
<tr><td colspan="3">3. 能否根据学习资料对任务进行合理分析，并对所制定的方案进行可行性分析</td><td></td><td></td><td></td><td></td></tr>
<tr><td colspan="3">4. 是否能够完全领会教师的授课内容，并快速掌握技能</td><td></td><td></td><td></td><td></td></tr>
<tr><td colspan="3">5. 是否积极参与各种讨论，并能清晰地表达自己的观点</td><td></td><td></td><td></td><td></td></tr>
<tr><td colspan="3">6. 能否独立或合作完成任务</td><td></td><td></td><td></td><td></td></tr>
<tr><td colspan="3">7. 对出现的问题是否能主动思考，并使用现有知识进行解决，以及知道自己在某些知识方面的不足之处</td><td></td><td></td><td></td><td></td></tr>
<tr><td colspan="3">8. 是否通过任务训练达到学习目标</td><td></td><td></td><td></td><td></td></tr>
<tr><td colspan="3">9. 是否有安全、环保意识与团队合作意识</td><td></td><td></td><td></td><td></td></tr>
<tr><td colspan="3">10. 工作过程中是否能保持整洁、有序、规范的工作环境</td><td></td><td></td><td></td><td></td></tr>
<tr><td>姓名</td><td></td><td>日期</td><td></td><td>总评</td><td colspan="2"></td></tr>
<tr><td>任务总结</td><td colspan="6"></td></tr>
</table>

学生互评单

项目 1	认识光伏发电技术	任务 1.3	初识光伏发电系统
评价项目			评分
1. 在组队中是否称职，能否按计划完成团队任务（20 分）			
2. 能否主动思考并解决问题（20 分）			
3. 是否完成任务（20 分）			
4. 是否有团队合作意识（20 分）			
5. 是否积极参与各种讨论，并能清晰地表达自己的观点（20 分）			
评价人		合计	
改进建议			

教师评价单

考核点	标准（分）	得分
任务方案准备与计划	20	
实施操作及团队协作	20	
知识和技能掌握情况	20	
数据记录与分析	20	
任务汇报与总结	20	
合计	100	

任务评价单

项目 1	认识光伏发电技术	学生自评	学生互评	教师评分	总分
		30%	30%	40%	
任务 1.3	初识光伏发电系统				

1.3.8　自我评测

1. 简述光伏发电系统各组成部分的作用。
2. 光伏发电技术应用场景有哪些？
3. 总结生活和工作中哪些场合更加适合使用光伏发电产品。

课后习题

案例拓展

1. 光伏+车棚+储能

利用原有的车棚场地，以光伏组件代替车棚的顶面，实现光伏发电的同时，还能起到遮阳防雨的作用，再加上储能充电桩的建设，实现光储充一体化。

宁波舟山港首设一体式光伏充电车棚项目，该一体式车棚顶上安装了光伏发电板，棚内设有 10 个直流充电桩，合理使用绿色能源。按每辆车平均充电 5～6 小时计算，该车棚每天能满足近 30 辆电动汽车的充电需求，如图 1–54 所示。

2. 光伏+农林畜牧

立体化利用空间，上层建设光伏发电项目，地面种植、养殖，光伏发电提供电能动力的同时，为作物、牛羊等提供遮挡，改善区域生态环境，优化能源结构。

大唐文昌龙虎山 100 MW 农光互补+储能示范项目，该项目统筹规划光伏+农业，在发展建设光伏产业的基础上，根据当地沙质土壤特性、气候条件、农业市场需求，合理选择“15+N”种常年蔬菜种植品种，推进撂荒地复耕复种，实现农光互补，即光伏发电和农业生产双赢，有效提高土地附加值，如图 1–55 所示。

图 1–54　光伏充电车棚

图 1–55　大唐文昌龙虎山 100 MW 农光互补+储能示范项目

三峡能源投资建设的吉林省双辽服先光伏电站采用“光伏+农牧业”模式，利用农牧业大棚、畜舍棚顶及大棚、畜舍之间的空间安装光伏组件，总装机 19 万千瓦，是吉林省目前最大的农光互补项目，如图 1–56 所示。

3. 光伏+渔业

“水上发电，水下养鱼，一塘两用”，发电的同时保持渔业生产条件，实现板上发电、板下养鱼，可提高土地利用率和农民收入水平，打造产业融合发展新模式。

华润赤壁日曜 350 MW 渔光互补光伏发电站项目，采取“设施渔业+生态养殖+池塘圈养”的养殖模式，实现“以渔治水，以渔养水”目标，如图 1–57 所示。建成后，每年将提供约 4.6 亿千瓦时的清洁电源。

图 1–56　吉林省双辽服先光伏电站

图 1–57　华润赤壁日曜 350 MW 渔光互补光伏发电站

中广核安徽当涂太白 260 MW 渔光互补光伏电站，板上光伏发电，板下广阔的水面用于养殖鱼虾、种植水产农作物，如图 1–58 所示。

4. 光伏+矿山治理

依托境内煤矿采空区，通过对矿区井田范围内渣堆采取削坡放坡、底部台阶边坡固化、坡面覆盖黄土、播撒草籽等一系列修复措施，利用采煤沉陷区、露天煤矿排土场等闲置土地，建设矿山治理与生态修复相结合的光伏发电项目，实现了板上光伏发电、板下生态恢复、土地立体利用，有效解决了矿区水土流失、固草等生态治理问题，实现了较好的经济效益、环境效益和社会效益。

国家能源集团乌海能源光伏+矿山生态修复综合利用项目二期乌达区 100 MW 光伏项目，如图 1–59 所示。

图 1–58 中广核安徽当涂太白 260 MW 渔光互补光伏电站

图 1–59 乌达区 100 MW 光伏项目

"板上发电、板下固沙"，兼顾生物治沙、人工治沙，利用光伏板遮阴效果，可在大面积的沙地进行规模化沙生植物种植，实现一地多用。

达拉特光伏基地 100 万千瓦项目，年发"绿电"达 20 亿千瓦时，节约标准煤 68 万吨/年，减排二氧化碳约 165 万吨/年，减排粉尘 45 万吨/年，同时有效治理库布齐沙漠面积达 6 000 多平方公里。

5. 光伏+采煤沉陷区水面电站

利用采煤沉陷区形成的水面，建设水上漂浮式光伏发电项目，实现资源再利用的同时，降低水面蒸发量，抑制水中微生物的生长，净化水质。此外，漂浮式光伏电站还可充分利用水冷作用，解决路面光伏电站遭遇的降温难题。

世界单体容量最大的漂浮式光伏电站——华能德州丁庄水上漂浮式光伏电站，总装机 320 MW，如图 1–60 所示。

图 1–60 华能德州丁庄水上漂浮式光伏电站

课后项目

2017 年 7 月，国家能源局、国务院扶贫办发布的《关于“十三五”光伏扶贫计划编制有关事项的通知》提出，以村级光伏扶贫电站为主要建设模式，村级电站应在建档立卡贫困村建设，单个村级电站容量控制在 300 千瓦左右（具备就近接入条件的可放大至 500 千瓦）。

目前，光伏扶贫模式有集中式电站、户用电站、村级电站、光伏农业电站四大类。集中式电站一般在 2 MW 到 20 MW 之间，需要指标，占地面积比较大，投资也比较大，一般用于镇一级集中扶贫，如何投资、管理和分配是一个大问题。农村电网容量较小，有很多地方不适合建大型电站。户用电站一般是 3 kW 到 5 kW 之间，安装在贫困户家里，不需要占用地面，容量也不大，但是贫困户的房屋一般比较破旧，安装不方便，也难以保证 25 年的使用寿命。光伏农业电站不占用农地，可以一边发电一边种植农作物，但对土地要求较高，初始投入大，电站管理要求也比较高。村级电站建设对于电网接入的要求稍低，经过“十二五”改造后，农村电网目前可接入光伏电站容量大大增加，基础配套设施能够满足需求。同时，“十三五”时期农村电网改造和建设过程中，国家电网有限公司明确承诺，对发展光伏扶贫的贫困村电网的改造给予优先支持，电站建好后要及时实现电站并网。

目前，我国 12.8 万个贫困村有一半适合建村级电站，村级电站成为“十三五”时期光伏扶贫的主要模式。村级电站的建设规模普遍较小，更易协调落实建设用地。此外，村级电站扶贫模式解决了贫困村无集体经济收入的问题。据了解，在全国各地推进精准扶贫的过程中，村级集体经济收入问题很难得到有效解决。2014 年建档立卡识别出 12.8 万个贫困村，其中 90%没有集体经济收入，而村级电站的收益除分给贫困户外，其余由村集体所有。村集体有了经济收入，就可以有效解决“空壳村”的问题。

如今，我国已进入“十四五”时期，请调研你所在地区得益于“光伏扶贫”项目的村庄，分析其建设光伏电站的必要性、可行性，以及未来的发展规划。

项目 2
光伏路灯照明系统

项目说明

图 2-1　光伏路灯照明系统

光伏照明系统使用光伏组件提供电能，实现了真正意义上的绿色环保节能照明。其中路灯系统适用于城市道路、人行道、广场、学校、公园、庭院、居住区、厂区以及其他需要室外照明的场所。

本项目要求设计并施工安装完成一套在山东省济南市某道路使用的光伏路灯照明系统，路灯光源为 30 W 的 LED 灯 2 只，每夜累计照明时间为 7 h。光伏路灯照明系统如图 2-1 所示。

任务 2.1　光伏路灯照明系统的设计

学习目标

1. 知识目标

掌握离网型光伏发电系统的设计原则和主要内容。

2. 能力目标

（1）能进行光伏组件容量的计算，并完成光伏组件的选型。

（2）能进行蓄电池容量的计算，并完成蓄电池的选型。

（3）能进行光伏控制器的选型。

3. 素养目标

（1）提高自主学习能力。

（2）培养利用网络等媒介查阅资料的能力。

2.1.1　任务引入

本任务要求设计一套在山东省济南市某道路使用的光伏路灯照明系统，路灯光源为 30 W 的 LED 灯 2 只，每夜累计照明时间为 7 h，完成光伏路灯照明系统设计，形成设计方案。

2.1.2 任务工单

任务名称	光伏路灯照明系统设计	指导教师	
班级		组别	
学号		姓名	
任务描述	设计一套在山东省济南市某道路使用的光伏路灯照明系统，路灯光源为 30 W 的 LED 灯 2 只，每夜累计照明时间为 7 h，完成光伏路灯照明系统设计，形成设计方案		
材料清单	设备：光伏路灯照明系统配件 工具：万用表、剥线钳、压线钳、剪刀等 耗材：导线、号码管、线鼻子		
知识点	1. 光伏路灯照明系统的工作原理 2. 控制器 3. 储能装置		
技能点	使用相关软件，进行光伏路灯照明系统设计		

2.1.3 知识点链接库

知识点 1　光伏路灯照明系统的工作原理

光伏路灯照明系统的工作原理是利用太阳能光伏组件吸收太阳光并将其转换为电能，再通过控制器存储到蓄电池中，当夜晚来临（或天空亮度不够）时，控制器再控制蓄电池给高效节能 LED 灯供电，实现环境照明。该系统由路灯灯杆、太阳能光伏组件、蓄电池、太阳能控制器以及光源（灯具）组成，如图 2-2 所示。

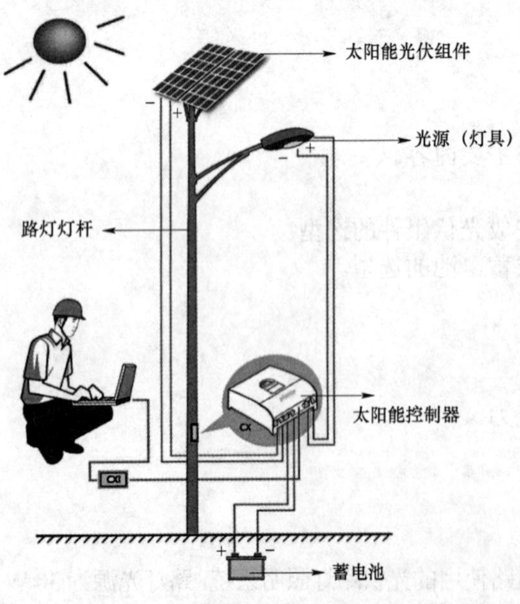

图 2-2　光伏路灯照明系统的组成

讲解视频

知识点 2　光伏控制器

太阳能光伏组件在太阳光照射下，可以直接对直流负载供电，也可以将产生的电能储存在储能装置中，当发电不足或负载用电量大时，由储能装置向负载补充电能。储能装置尤其是蓄电池，在充电和放电过程中需加以控制，频繁地过充电或过放电，都会影响蓄电池的使用寿命。为保护蓄电池不受损害，必须有一套控制系统来防止蓄电池的过充电和过放电，这套系统被称为控制器。

光伏控制器是太阳能光伏发电系统中的核心部件之一。其具有防止蓄电池过充电和过放电，以及延长蓄电池使用寿命的作用，以防止太阳能电池组件或电池方阵、蓄电池极性接反，防止负载、控制器、逆变器和其他设备内部短路。其还具有防雷击引起的击穿保护和温度补偿等功能。光伏控制器可以单独使用，也可以和逆变器合为一体。常见的光伏控制器如图 2−3 所示。

1. 光伏控制器的工作原理

光伏控制器的工作原理如图 2−4 所示，其中开关 S_1 和开关 S_2 分别为充电控制开关和放电控制开关。S_1 闭合时，由光伏组件通过控制器给蓄电池充电；当蓄电池出现过充电时，S_1 能及时切断充电回路，使光伏组件停止向蓄电池供电；S_1 还能按预先设定的保护模式自动恢复对蓄电池的充电。当蓄电池出现过放电时，S_2 能及时切断放电回路，蓄电池停止向负载供电，当蓄电池再次充电并达到预先设定的恢复充电点时，S_2 能自动恢复供电。

图 2−3　光伏控制器

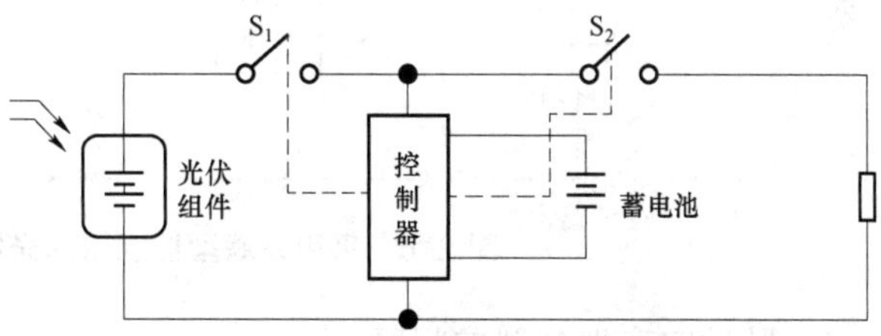

图 2−4　光伏控制器的工作原理

2. 光伏控制器的分类

（1）并联型控制器

并联型控制器也叫旁路型控制器，它是利用并联在光伏组件两端的机械或电子开关器件控制充电过程。当蓄电池充满电时，把光伏电池的输出分流到旁路电阻器或功率模块上去，然后以热的形式消耗掉（泄荷）；当蓄电池电压回落到一定值时，再断开旁路恢复充电。

采用并联型控制器的光伏发电系统如图 2−5 所示。并联型控制器由检测控制电路和开关器件 S_1、S_2、VD_1、VD_2 及熔断器等组成。VD_1 是防反充二极管，VD_2 是防反接二极管；S_1 是控制充电回路中的开关，S_2 为控制蓄电池放电的开关；BX 是熔断器。检测控制电路的作用是监控蓄电池的端电压。

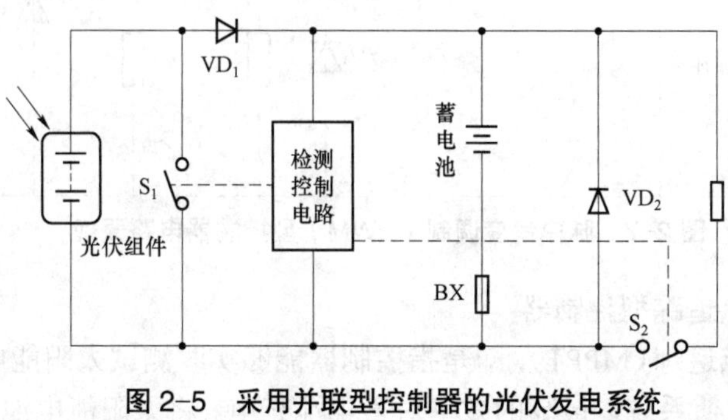

图 2−5　采用并联型控制器的光伏发电系统

并联型控制器电路中充电回路的开关器件 S_1 并联在太阳能电池的输出端，控制器检测电路监控蓄电池的端电压，当充电电压超过蓄电池设定的充满断开电压值时，开关器件 S_1 导通，同时防反充二极管 VD_1 截止，使太阳能电池的输出电流通过 S_1 旁路协访，不再对蓄电池进行充电，从而保证蓄电池不被过充电，起到防止蓄电池过充电的保护作用。

（2）串联型控制器

串联型控制器是利用串联在充电回路中的机械或电子开关器件控制充电过程。串联型控制器的电路原理如图 2-6 所示。它的电路结构与并联型控制器的电路结构相似，区别仅仅是将开关器件 S_1 由并联在光伏电池输出端改为串联在蓄电池充电回路中。控制器检测电路监控蓄电池的端电压，当充电电压超过蓄电池设定的充满断开电压值时，S_1 关断，使光伏电池不再对蓄电池进行充电，起到防止蓄电池过充电的保护作用。其他元件的使用和并联型控制器相同。

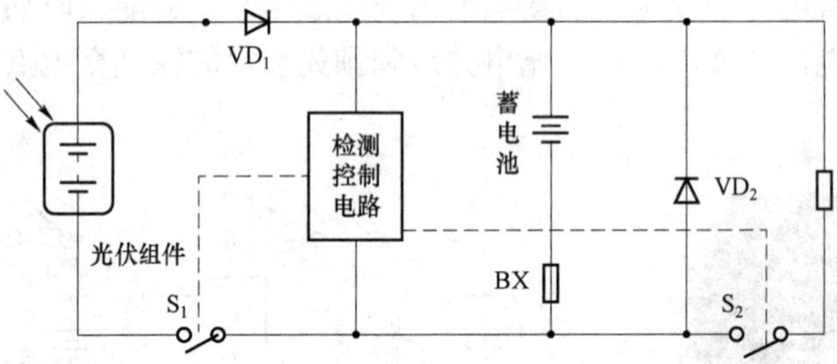

图 2-6　采用串联型控制器的光伏发电系统

（3）脉冲宽度调制型控制器

脉冲宽度调制（pulse-width modulation，PWM）型控制器的电路原理如图 2-7 所示。该控制器通过调节脉冲宽度的大小来改变充电电流的大小，当蓄电池逐渐趋向充满时，随着其端电压逐渐升高，PWM 电路输出脉冲的宽度减小，使开关器件的导通时间减少，充电电流逐渐趋近于零。

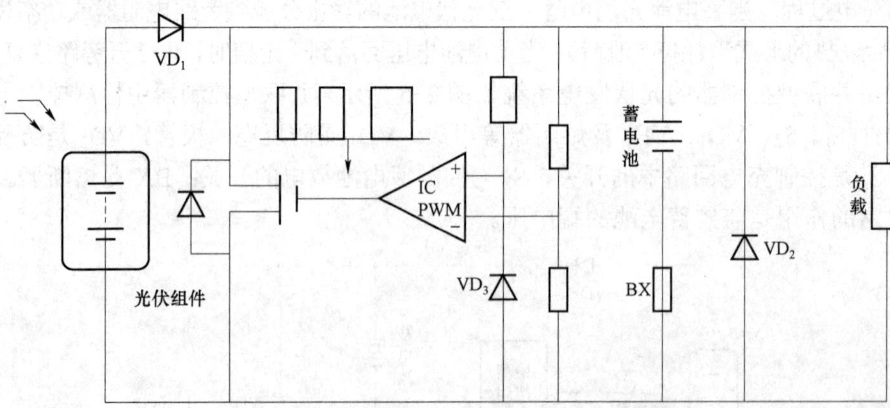

图 2-7　脉冲宽度调制（PWM）型控制器电路原理

（4）最大功率点追踪型控制器

所谓最大功率点追踪（MPPT），即是指控制器能够实时测试太阳能电池的发电电压，并追踪最高电压值，使系统以最高的效率对蓄电池充电。将太阳能电池的电压 U 和电流

I 检测后相乘得到功率 P，然后判断太阳能电池此时的输出功率是否达到最大。若不在最大功率点运行，则调整脉冲宽度，调制输出占空比，改变充电电流，再次进行实时采样，并做出是否改变占空比的判断。通过这样的寻优过程可保证太阳能电池始终运行在最大功率点，以充分利用太阳能电池方阵的输出能量。同时采用 PWM 调制方式，使充电电流成为脉冲电流，以减少蓄电池的极化，提高充电效率。

MPPT 控制系统的 DC−DC 变换的主电路采用 Boost 升压电路。Boost 变换器主电路如图 2−8 所示，由开关管 VT、二极管 VD、电感 L、电容 C 组成。工作原理为在开关管 VT 导通时，二极管 VD 反偏，光伏电池向电感 L 存储电能；当开关管 VT 截止时，二极管导通，由电感 L 和电池阵列共同向负载充电，同时还给电容 C 充电，电感两端的电压与输入电源的电压叠加，使给出端产生高于输入端的电压。Boost 电路输入输出的电压关系为：

$$U_{\mathrm{o}}=\frac{U_{\mathrm{I}}}{1-D}$$

当 Boost 变换器工作在电流连续条件下时，从上式可以得到其变压比仅与占空比 D 有关而与负载无关，所以只要有合适的开路电压，通过改变 Boost 变换器的占空比 D 就能找到与光伏电池最大功率点相对应的 U_{I}。

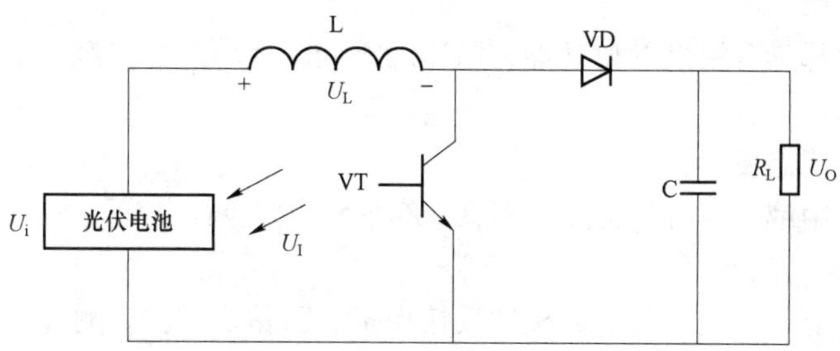

图 2−8　Boost 变换器主电路

3. 光伏控制器的主要技术参数

（1）系统电压

系统电压也叫额定工作电压，是指光伏发电系统的直流工作电压。电压一般为 12 V、24 V、48 V、110 V、220 V、500 V 等。

（2）最大充电电流

最大充电电流是指太阳能电池组件或方阵输出的最大电流，根据功率大小分为 5 A、6 A、8 A、10 A、12 A、15 A、20 A、30 A、40 A、50 A、70 A、100 A、150 A、200 A、250 A、300 A 等多种规格。

（3）光伏阵列输入路数

小功率光伏控制器一般都是单路输入，而大功率光伏控制器都是由光伏阵列多路输入。一般来说，大功率光伏控制器可输入 6 路，最多的可输入 12 路、18 路。

（4）电路自身损耗

控制器的电路自身损耗也是其主要技术参数之一。为了降低控制器的损耗，提高光伏电源的转换效率，控制器的电路自身损耗要尽可能低。控制器的最大自身损耗不得超过其额定充电电流的1%或0.4 W。根据电路不同，控制器自身损耗一般为5～20 mA。

（5）蓄电池的过充电保护电压（HVD）

蓄电池的过充电保护电压也叫充满断开或过电压关断电压，一般可根据需要及蓄电池类型的不同，设定在14.1～14.5 V（12 V 系统）、28.2～29 V（24 V 系统）和56.4～58（48 V 系统）之间，典型值分别为14.4 V、28.8 V 和 57.6 V。蓄电池过充电保护的恢复电压（HVR）一般设定在13.1～13.4 V（12 V 系统）、26.2～26.8 V（24 V 系统）、52.4～53.6 V（48 V 系统）之间，典型值分别为13.2 V、26.4 V 和 52.8 V。

（6）蓄电池的过放电保护电压（LVD）

蓄电池的过放电保护电压也叫欠电压断开或欠电压关断电压，一般可根据需要及蓄电池类型的不同，设定在10.8～11.4 V（12 V 系统）、21.6～22.8 V（24 V 系统）和43.2～45.6 V（48 V 系统）之间，典型值分别为11.1 V、22.2 V 和 44.4 V。蓄电池过放电保护的关断恢复电压（LVR）一般设定在12.1～12.6（12 V 系统）、24.2～25.2 V（24 V 系统）和48.4～50.4 V（48 V 系统）之间，典型值分别为12.4 V、24.8 V 和 49.6 V。

（7）蓄电池的充电浮充电压

蓄电池的充电浮充电压一般为13.7 V（12 V 系统）、27.4 V（24 V 系统）和54.8 V（48 V 系统）。

（8）温度补偿

控制器一般都具有温度补偿功能，以适应不同的环境工作温度，温度补偿值一般为−20～40 mV/℃。

（9）工作环境温度

控制器的使用或工作环境温度一般在−20 ～50 ℃之间。

（10）其他保护功能

短路保护功能、防反充保护、极性反接保护、防雷击保护、耐冲击电压和电流保护功能等。

4. 控制器的配置选型依据

光伏控制器的配置选型要根据整个系统的各项技术指标并参考生产厂家提供的产品样本手册来确定，一般要考虑下列几项技术指标。

（1）系统工作电压

系统工作电压是指太阳能发电系统中蓄电池或蓄电池组的工作电压，这个电压要根据直流负载的工作电压或交流逆变器的配置选型来确定，一般有 12 V、24 V、48 V、110 V 和 220 V 等。

（2）额定输入电流和输入路数

控制器的额定输入电流取决于太阳能电池组件或方阵的输入电流。选型时，控制器的额定输入电流应等于或大于太阳能电池的输入电流。

控制器的输入路数要多于或等于太阳能电池方阵的设计输入路数。小功率控制器一般只有一路太阳能电池方阵输入，大功率控制器通常采用多路输入，每路输入的最大电流=额定输入电流/输入路数。因此，各路电池方阵的输出电流应小于或等于控制器每路允许输入的最大电流值。

（3）控制器的额定负载电流

控制器的额定负载电流也就是控制器输出到直流负载或逆变器的直流输出电流，该数据要满足负载或逆变器的输入要求。

除上述主要技术数据要满足设计要求以外，使用环境温度、海拔高度、防护等级和外形尺寸等参数以及生产厂家和品牌也是控制器配置选型时要考虑的因素。

讲解视频

知识点 3　储能装置

光伏发电储能装置是独立光伏发电系统中的关键设备之一，独立光伏发电系统一般使用蓄电池作为储能设备。白天将太阳能电池输出的电能储存起来，夜间为照明负载或其他用电设备供电。目前，在光伏发电系统中，常用的储能电池及元器件有铅酸蓄电池（如图 2-9 所示）、锂离子蓄电池等。目前应用最多、使用最广泛的还是铅酸蓄电池，但随着近年来锂离子蓄电池成本下降，其应用场合越来越多，碱性蓄电池、镍氢蓄电池及超级电容器因成本昂贵多用于特殊场合。

图 2-9　铅酸蓄电池

1. 铅酸蓄电池

（1）铅酸蓄电池的结构

铅酸蓄电池一般由壳体、极板、隔板、电解质、安全阀和接线端子等部分组成。阀控式密封铅酸蓄电池（VRLA）结构如图 2-10 所示。

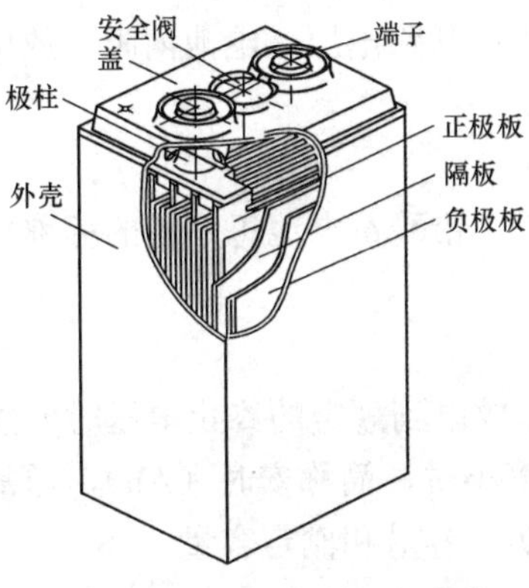

图 2-10　铅酸蓄电池的结构

① 正负极板

极板在蓄电池中的作用有两个：一是发生电化学反应，实现化学能与电能间的转换；二是传导电流。正极活性物质主要成分为深棕色的二氧化铅（PbO_2），负极活性物质主要成分为海绵状铅（Pb），呈深灰色。

② 隔板

普通铅蓄电池采用隔板。隔板的主要作用是：防止正负极板短路，使电解液中正负离子顺利通过；阻缓正负极板活性物质的脱落，防止正负极板因震动而损伤。

③ 蓄电池的壳体（电池槽、盖）

蓄电池的壳体（电池槽、盖）由 PP 塑料、橡胶等材料制成，是盛放正负极板和电解液等的容器。

④ 电解液

电解液是蓄电池的重要组成部分，它的作用有两个：一是使极板上的活性物质发生溶解和电离，产生电化学反应；二是起导电作用，蓄电池使用时通过电解液中离子迁移，起到导电作用，使电化学反应得以顺利进行。它是高纯度硫酸和蒸馏水按一定比例配制而成的。

⑤ 安全阀

安全阀是蓄电池的关键部件之一，位于蓄电池顶部，一般由塑料材料制成，作用有两个：一是安全作用，即在蓄电池使用过程中内部产生气体气压达到安全阀时，安全阀将压力释放，以防止电池产生变形、破裂等现象；二是密封作用，当蓄电池内气压低于安全阀的闭阀压力时，关闭安全阀，对蓄电池起到密封作用，阻止空气进入，以防止极板氧化和内部气体酸雾向外泄漏等。

⑥ 正负接线端子

蓄电池各单格电池串联后，两端单格的正负极桩分别穿出蓄电池盖，形成蓄电池的正负接线端子，实现电池与外界的连接。正接线柱标“+”或涂红色，负接线柱标“−”号或涂蓝色、绿色。

（2）铅酸蓄电池的工作原理

铅酸蓄电池内的正极（PbO_2）和负极（Pb）浸到电解液（稀硫酸）中，两极会产生2 V的电势。

$$PbO_2+2H_2SO_4+Pb \rightarrow 2PbSO_4+2H_2O\text{（放电反应）}$$
$$2PbSO_4+2H_2O \rightarrow PbO_2+2H_2SO_4+Pb\text{（充电反应）}$$

使用铅酸蓄电池作为储能设备的优点是储能成本低，可靠性高，技术成熟；缺点是能量密度低，使用温度范围窄，充放电效率低，不可深度充放电，而且过充电易放出气体，加之铅为重金属，对环境影响大。

（3）铅酸蓄电池的参数

铅酸蓄电池的主要参数包括电动势、容量、额定电压、开路电压、电池内阻、放电时率、放电深度、储存寿命、自放电率等。

① 电动势

铅酸蓄电池的电动势是两个电极的平衡电极电位之差，铅酸蓄电池每单格的标称电压为2 V。

② 容量

处于完全充电状态的铅酸蓄电池在一定放电条件下，放电到规定的终止电压时所能给出的电量称电池容量，以符号C表示。常用单位为安培小时，简称安时（Ah），通常在C的下角处标明放电时率。电池容量分为理论容量、实际容量和额定容量。

③ 放电率

蓄电池放电至终止电压的速度，常用放电时率（小时率）和放电倍率（电流率）表示。

电池在常温下的放电时率是指蓄电池在设计标准条件（如温度、放电率、终止电压等）下，蓄电池放电到终止电压时的时间长短。放电时率是以放电时间表示的放电速率，其数值等于电池的放电定容量（安时）除以规定的放电电流所得的小时数。根据IEC标准，蓄电池的放电时率有20小时率、10小时率、5小时率、3小时率、1小时率、0.5小时率，分别表示为20 h、10 h、5 h、3 h、lh、0.5 h。放电倍率是放电电流对蓄电池额定容量的倍数。

④ 终止电压

终止电压是指电池放电时电压下降到不宜再放电时（至少能再反复充电使用）的最

低工作电压。为了防止损害极板，各种标准中都规定了在不同放电倍率和温度下放电时电池的终止电压。后备电源系列电池 10 小时率和 3 小时率放电的终止电压为 1.80 V/单体，1 小时率终止电压为 1.75 V/单体。由于铅酸蓄电池本身的特性，即使放电的终止电压继续降低，电池也不会放出太多的容量，但终止电压过低对电池的损伤极大，尤其是放电达到 0 V 而又不能及时充电时将大大缩短电池的使用寿命。

⑤ 循环寿命

蓄电池经历一次充电和放电，称一次循环（一个周期）。在一定放电条件下，电池使用至某一容量规定值之前，电池所能承受的循环次数，称为循环寿命。后备电源一般采用浮充寿命来衡量电池的使用寿命。影响电池循环寿命的主要因素是产品的性能和质量，其次是维护工作的质量。

⑥ 内阻

蓄电池的内阻不是常数，在充放电过程中随时间不断地变化，因为活性物质的组成、电解液浓度和温度都在不断变化。铅酸蓄电池内阻很小，在小电流放电时可以忽略，但在大电流放电时，电压降损失可达数百毫伏，必须引起重视。

蓄电池的内阻有欧姆内阻和极化内阻两部分。欧姆内阻主要由电极材料、隔板、电解液、接线柱等构成，也与电池尺寸、结构及装配因素有关。极化内阻是由电化学极化和浓差极化引起的，是电池放电或充电过程中两电极进行化学反应时产生的内阻。

（4）铅酸蓄电池的充电

① 常规充电方法

a. 恒定电流充电法

在充电过程中，充电电流始终保持不变，叫作恒定电流充电法，简称恒流充电法或等流充电法。在充电过程中由于蓄电池电压逐渐升高，充电电流逐渐下降，为保持充电电流不因蓄电池端电压升高而减小，充电过程必须逐渐升高电源电压，以维持充电电流始终不变，这对于充电设备的自动化程度要求较高，一般的充电设备是不能满足恒流充电要求的。恒流充电法，在蓄电池最大允许的充电电流情况下，充电电流越大，充电时间越短。但在充电后期若充电电流仍不变，这时由于大部分电流用于电解水，电解液产生气泡过多而显沸腾状，这不仅消耗电能，而且易使极板上活性物质大量脱落，温升过高，造成极板弯曲，电池容量迅速下降而提前报废。所以，这种充电方法很少被采用。

b. 恒定电压充电法

在充电过程中，充电电压始终保持不变，叫作恒定电压充电法，简称恒压充电法或等压充电法。由于恒压充电开始至后期，电源电压始终保持一定，所以在充电开始时充电电流相当大，大大超过正常充电电流值。但随着充电的进行，蓄电池端电压逐渐升高，充电电流逐渐减小。当蓄电池端电压和充电电压相等时，充电电流减至最小甚至为零。由此可见，采用恒压充电法的优点在于，可以避免充电后期充电电流过大而造成极板活性物质脱落和电能的损失。但其缺点是，刚开始充电时，充电电流过大，极板活性物质体积变化收缩太快，影响活性物质的机械强度，致使其脱落。而在充电后期充电电流又过小，使极板深处的活性物质得不到充电反应，造成长期充电不足，影响蓄电池的使用寿命。所以这种充电方法一般只适用于无配电设备或充电设备较简陋的特殊场合，如汽车上蓄电池的充电、1 号～5 号干电池式的小蓄电池的充电等。采用恒定电压充电法给蓄电池充电时，所需电源电压：酸性蓄电池每个单体电池为2.4～2.8 V，碱性蓄电池每个单体电池为1.6～2.0 V。

c. 有固定电阻的恒定电压充电法

为补救恒定电压充电的缺点而采用的一种方法，即在充电电源与电池之间串联一电阻，这样可以调整充电初期的电流。但有时最大充电电流受到限制，因此随充电过程的进行，蓄电池电压逐渐上升，电流直线衰减。

d. 阶段等流充电法

综合恒流和恒压充电法的特点，蓄电池在充电初期使用较大的电流，经过一段时间改用较小的电流，至充电后期改用更小的电流，即不同阶段以不同的电流进行等流充电的方法，叫作阶段等流充电法。阶段等流充电法一般可分为两个阶段进行，也可分为多个阶段进行。

阶段等流充电法所需充电时间短，充电效果好。由于充电后期改用较小电流充电，这样减少了气泡对极板活性物质的冲刷，减少了活性物质的脱落。这种充电法能延长蓄电池使用寿命，并节省电能，且充电彻底，所以是当前常用的一种充电方法。一般蓄电池第一阶段以 10 h 率电流进行充电，第二阶段以 20 h 率电流进行充电。各阶段充电时间的长短，各种蓄电池的具体要求和标准不一样。

e. 浮充电法

间歇使用的蓄电池，其充电方式多为浮充电法。一些特殊场合使用的固定型蓄电池一般均采用浮充电法对蓄电池进行充电。浮充电法的优点主要在于能减少蓄电池的析气率，并可防止过充电，同时由于蓄电池同直流电源并联供电，用电设备大电流用电时，蓄电池瞬时输出大电流，这有助于稳定电源系统的电压，使用电设备用电正常。浮充电法的缺点是个别蓄电池充电不均衡和充不足电，所以需要进行定期的均衡充电。

② 快速充电方法

a. 定电流定周期快速充电法

这种方法的特点是，以电流幅度恒定和周期恒定的脉冲充电电流对蓄电池充电，两个充电脉冲之间有一放电脉冲进行去极化，以提高蓄电池的充电接受能力。在充电过程中，充电电流及其脉宽不受蓄电池充电状态的影响。因此，它是一种开环式脉冲充电。这种充电方法易使蓄电池充满容量，但如果不增加防止过充电的保护装置，易造成强烈的过充电，而影响蓄电池的使用寿命。在这种充电方法中，虽然整个充电过程均加有去极化措施，但是这种固定的去极化措施，难以符合充电全过程的要求。

b. 定电流定出气率脉冲充电放电去极化快速充电法

这种充电方法的特点是，在整个充电过程中，充电电流脉冲的幅值和蓄电池的出气率始终保持不变。充电过程初期，充电电流略低于蓄电池的初始接受电流。在充电过程中，由于蓄电池可接受的电流逐渐减小，所以经过一段时间后，充电电流将超过蓄电池的可接受电流，因而蓄电池内将产生较多的气体，出气率显著增加。此时，气体检测元件能够及时发出控制信号，迫使蓄电池停止充电，进行短时放电。这样蓄电池内部的极化作用很快消失，因而出气率可以始终保持在较低的预定值内。

c. 定电流定电压脉冲充电放电去极化快速充电法

这种充电方法的特点是，以恒定大电流充电，待充到一定电压（相当于蓄电池出气点的电压）时，停止充电并进行放电去极化，然后再以恒定大电流充电，依此充放电过程交替进行。放电脉冲的宽度随充入电量的增加而增加，充电脉冲的宽度随充入电量的增加而减少。当充电量和放电量基本相等时，表示蓄电池已充满电，应立即结束充电。

根据这种方法，国内外都有多种方案来实现蓄电池快速充电。这种方法，充电初期无去极化措施。在加上去极化措施后充电脉冲宽度不断减小，使得充电电流平均值下降较快，延长了充电时间。

d. 定电流提升电压脉冲充电放电去极化快速充电法

这种方法是定电流定电压脉冲充电放电去极化快速充电方法的改进。它是以恒定电流充电，当蓄电池电压达到充电出气点电压时，停止充电并进行放电，然后再充电。在加放电去极化脉冲以后，用积分器件阶梯形跟踪调高充电控制电压（提升出气点电压），以加快充电速度和提高充满程度。其他和定电流定电压充电法相同。

e. 定电压定频率脉冲充电放电去极化快速充电法

这种方法的特点是，充电脉冲的电压幅值保持恒定，随着充电过程的进行，蓄电池电动势逐渐上升，充电电流幅值逐渐减小，充电脉冲电流的频率恒定，在两个充电脉冲之间加放电去极化脉冲。

f. 端电压和充放电频率选择脉冲充电放电去极化快速充电法

这种方法的特点是，根据蓄电池充电过程中的极化情况选择充放电脉冲的频率，并在充电后期将蓄电池端电压限定在预选的数值，使出气率限制在一定的范围内。

g. 适应全过程去极化脉冲充电放电去极化快速充电法

这种方法的特点是，在充电全过程都适时加去极化的放电脉冲，在放电脉冲后充电电流恢复之前，均进行去极化效果检测，达到一定去极化效果再转回充电，否则再次进行去极化放电，直至达到去极化要求的效果才转回充电，这样可使去极化措施适应全过程。这种方案能有效地将气体析出量控制在很小的数值范围。

③ 三阶段充电法

上述常规充电方法，是在缺乏充电规律认识的情况下，被迫采用的不合理的充电方法。常规充电方法的缺点是充电时间长、效率低、出气量大、蓄电池的利用周转率低、充电管理制度繁杂等。这种充电方式的落后与蓄电池应用的广泛需求是存在着一定的矛盾的。为此，在充电领域内，必须加强对充电规律的认识和研究，逐步探索一套既快又好的充电方式。

航空蓄电池普遍采用阶段等流充电法进行充电。一般酸性航空蓄电池采用等流两阶段充电法，碱性航空蓄电池采用等流两阶段充电法或等流一阶段充电法。但这种充电法在充电中间阶段远离了充电电流接受率曲线，所以三阶段充电法更好一些。

三阶段充电法是两阶段等流充电法和恒压充电法相结合的方式。充电开始和结束时采用恒定电流，中间阶段为恒定电压充电。蓄电池在充电初期用较大的电流，经过一段时间改为恒压充电，当电流衰减到预定值时，由第二阶段转到第三阶段。采用三阶段充电法的优点是，避免了恒压充电法开始充电电流过大，而后期电流又过小的情况，比二阶段等流充电在中间阶段更接近充电电流接受率曲线。这种充电法减少了充电出气量，且充电彻底，延长了蓄电池的使用寿命。三阶段充电法充电电流和充电电压变化曲线如图 2-11 所示。

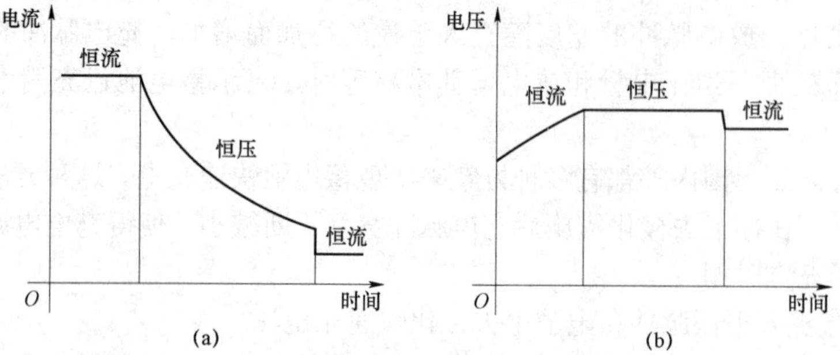

图 2-11　三阶段充电法充电电流和充电电压变化曲线

（5）铅酸蓄电池的型号命名

根据 JB/T 2599—2012《铅酸蓄电池名称、型号编制与命名办法》的有关规定，铅酸蓄电池的型号由串联的单体蓄电池数、额定容量等三部分组成。通常分为三段表示：第一段为数字，表示串联的单体蓄电池数，每一个单体蓄电池的标称电压为 2 V，当单体蓄电池串联数（格数）为 1 时，第一段可省略，6 V、12 V 蓄电池分别用 3 和 6 表示；第二段为 2～4 个汉语拼音字母，表示蓄电池用途、结构特征代号；第三段表示蓄电池的额定容量，如图 2-12 所示。

铅酸蓄电池型号中字母的含义见表 2-1。

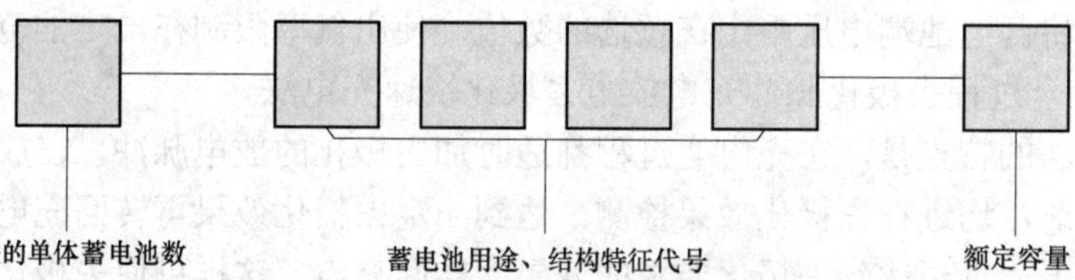

图 2-12　铅酸蓄电池的型号示意图

表 2-1　铅酸蓄电池的型号中字母的含义

第 1 个字母	含义	第 2～4 个字母	含义
Q	启动用	A	干荷电式
G	固定用	F	防酸式
D	电瓶车用	FM	阀控式密封
N	内燃机车用	W	不需要维护
T	铁路客车用	J	胶体
M	摩托车用	D	带液式
KS	酸性矿灯用	J	激活式
JC	舰船用	Q	气密式
B	航标灯用	H	湿荷式
TK	坦克用	B	半密闭式
S	闪光用	Y	液密式

2. 锂离子电池

使用锂电池作为储能设备的优点是高能量密度、高能量效率（94%～98%）、循环寿命长（超过 6 000 次），缺点是有衰退现象。与其他充电电池不同，锂离子电池的容量会缓慢衰退，与使用次数无关，而与温度有关。安全问题表现为燃烧甚至爆炸，问题根源在于电池内部的热失控。过充、火源、挤压、穿刺、短路等一些因素也会导致安全性问题。其中，属于锂离子电池种类之一的磷酸铁锂电池的充放电原理和特点如下：

（1）磷酸铁锂电池充放电原理

充放电反应是在 $LiFePO_4$ 和 $FePO_4$ 两相之间进行的。在充电过程中，$LiFePO_4$ 逐渐脱离出锂离子形成 $FePO_4$。在放电过程中，锂离子嵌入 $FePO_4$ 形成 $LiFePO_4$。磷酸铁锂电池充放电原理如图 2-13 所示。

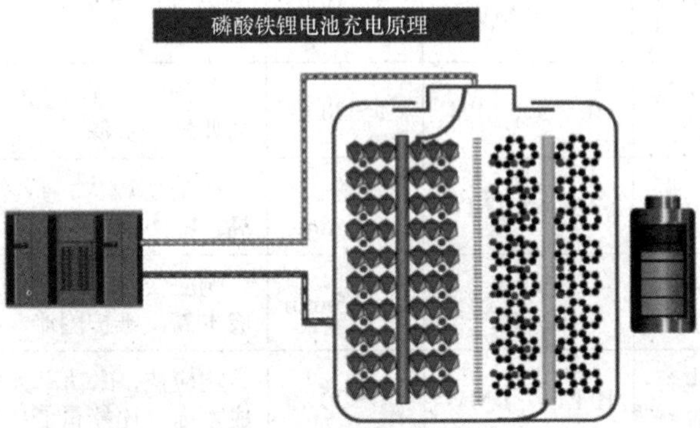

(a) 磷酸铁锂电池充电原理示意图

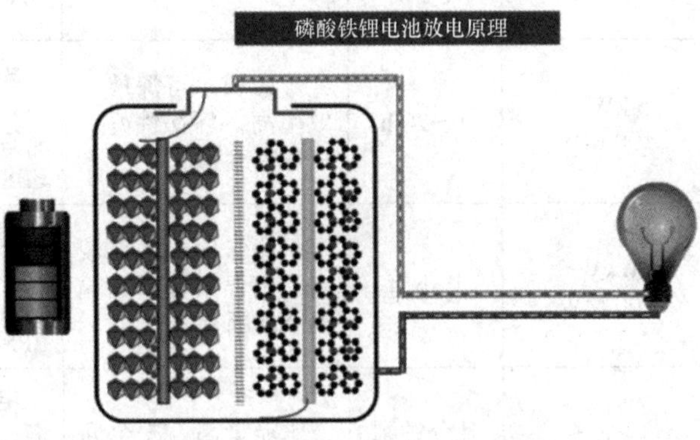

(b) 磷酸铁锂电池放电原理示意图

图 2-13　磷酸铁锂电池充放电原理示意图

充电：$LiFePO_4 - xLi^+ - xe^- \rightarrow xFePO_4 + (1-x)LiFePO_4$

放电：$FePO_4 + xLi^+ + xe^- \rightarrow xLiFePO_4 + (1-x)FePO_4$

（2）磷酸铁锂电池的特点

① 能量密度较高

据报道，2018 年量产的方形铝壳磷酸铁锂电池单体能量密度在 160 Wh/kg 左右，

2019 年优秀的电池厂家大概能做到 175～180 Wh/kg 的水平，个别厂家采用叠片工艺，甚至能做到 185 Wh/kg。

② 循环寿命长

磷酸铁锂电池单次循环寿命普遍达 2 000 次，甚至达到 3 500 次以上，而储能市场要求达到 5 000 次以上，保证 8～10 年的使用寿命。

3. 各种储能技术的比较

各种储能技术的性能比较见表 2-2。

表 2-2 各种储能技术性能比较表

	储能类型	典型额定功率	额定容量	特点	应用场合
机械储能	抽水储能	100～2 000 MW	4～10 h	大规模，技术成熟，响应慢，需要地理资源	日负荷调节，频率控制和系统备用
	压缩空气储能	10～300 MW	1～20 h	大规模，响应慢，需要地理资源	调峰、调频，系统备用
	飞轮储能	5 kW～10 MW	1 s～30 min	比功率较大，成本高，噪声大	调峰、频率控制，UPS 和电能质量
电磁储能	超导电磁储能	10 kW～50 MW	2 s～5 min	响应快，比功率大，成本高，维护困难	输配电稳定，抑制振荡
	超级电容器储能	10 kW～1 MW	1～30 s	响应快，比功率大，成本高，比能量低	定制电力及 FACTS
化学储能	铅酸电池	1 kW～50 MW	几分钟到几小时	技术成熟，成本低，寿命短，涉及环保问题	电能质量、电站备用、黑启动
	液流电池	5 kW～100 MW	1～20 h	寿命长，可深放，效率高，环保性好，能量密度稍低	电能质量、备用电源、调峰填谷、能量管理、可再生储能、EPS
	钠硫电池	100 kW～100 MW	几小时	比能量和比功率较高，高温条件下运输安全问题有待改进	电能质量、备用电源、调峰填谷、能量管理、可再生储能、EPS
	锂离子电池	1 kW～1 000 MW	几分钟到几小时	比能量高，安全问题有待改进	电能质量、备用电源、调峰填谷、能量管理、可再生储能、UPS

根据不同种类储能技术的特点，抽水储能、压缩空气储能和化学电池储能适于系统调峰、大型应急电源、可再生能源接入等大规模、大容量的应用场合，而超导电磁、飞轮及超级电容器储能适于需要提供短时较大的脉冲功率场合，如应对电压暂降和瞬时停电、提高用户的用电质量，抑制电力系统低频振荡、提高系统稳定性等。化学储能将是未来光伏电站储能应用的重要方向。

2.1.4　任务实施

1. 系统方案设计

在本项目中，光伏路灯照明系统包括光伏组件、蓄电池、控制器、LED 灯、支架系统及其各种配件等，需要设计的内容包括光伏组件的容量计算与选型、控制器的选型、蓄电池容量的计算与选型等。

2. 前期勘查

设计光伏发电系统首先应确认该地区的地理位置，太阳光辐射强度以及平均峰值日照时数。济南市的地理位置为北纬 36° 02′～37° 54′，东经 116° 21′～117° 93′，太阳能资源较丰富区，平均峰值日照时间为 4.44 小时。该路段需要满足连续阴雨 7 天的照明要求。

3. 相关计算与选型

（1）确定系统工作电压

光伏路灯光源的直流输入电压作为系统工作电压，一般为 12 V 或 24 V（系统工作直流电压选择要符合我国直流电压的标准等级，即 12 V、24 V、48 V、110 V、220 V 等），在本项目中选择 12 V 系统工作电压进行设计。

（2）负载的工作电流

2 个 30 W 的 LED 灯的总功率为 60 W，负载的工作电流为 60 W÷12 V=5 A。

（3）蓄电池的容量

因需要满足连续阴雨 7 天的每夜 7 h 照明需求（7 天另加阴雨天前一夜的照明，共计 8 天），由蓄电池容量计算公式：

蓄电池的容量=工作电流×每夜累计照明时间×（连续阴雨天数+1）

可得蓄电池的容量=5 A×7 h×（7+1）天=5 A×56 h=280 Ah

另外为了防止蓄电池过充或过放，蓄电池充放电预留 20%，再加上 15%的损耗，那么实际需要的蓄电池容量=280 Ah÷80%×115%=402.5 Ah。

（4）蓄电池选型

根据以上计算结果和蓄电池手册，可以选择 2 V/200 Ah 免维护铅酸蓄电池。

（5）确定蓄电池的串联数和并联数

① 蓄电池的串联数

由蓄电池串联数计算公式：

$$蓄电池串联数=\frac{工作电压}{蓄电池标准电压}$$

可知，蓄电池串联数为 12 V/2 V=6 个，需要规格型号为 2 V/200 Ah 的铅酸蓄电池的总个数为 2×6 个=12 个。

② 蓄电池的并联数

由蓄电池并联数计算公式：

$$蓄电池并联数=\frac{需要的蓄电池容量}{单个蓄电池容量}$$

可知，蓄电池并联数为 402.5/200≈2，即可取规格型号为 2 V/200 Ah 蓄电池 2 组并联。

（6）光伏组件的需求峰值功率（Wp）的计算

注意采用 12 V 的系统供电的光伏组件峰值电压是 17～17.5 V。因路灯每夜累计照明需要 7 h，若某地光伏组件平均每天接受有效光照时间（峰值日照时数）为 4 h，单个组件的最佳工作电压为 17.2 V，直流修正系数选定为 0.8，那么光伏组件需求的峰值功率计算如下：

峰值功率/组件的最佳工作电压=（工作电流×每夜累计照明时间÷直流修正系数）÷峰值日照时数

可得 Wp/17.2 V=（5 A×7 h÷0.8）÷4 h，Wp=188.13 W，

则组件工作电流为 188.13/17.2=10.93 A。

如果考虑到太阳能光伏系统中的线损，以及控制器的功率损耗等，那么在实际应用中还得将计算的结果再增大 10%、30%。根据以上计算结果和太阳能组件的规格手册，可选择组件的规格型号是 220 W（其最大短路电流是 12.5 A）。为保证转换效率高、工作稳定、体积小，应选用单晶硅电池组件。

（7）控制器的选择

选择的控制器必须使其额定工作电流同时大于太阳能电池组件的短路电流和负载的最大工作电流。因选择组件的最大短路电流是 12.5 A，负载的工作电流为 5A，所以可以选择控制器的规格型号是 24 V/15 A。

（8）照明灯具选用 LED 灯

光伏发电与 LED 灯照明是最佳的搭配。这是因为两者都是直流电（一个产生直流电，一个需要直流电），且电压值小，因此无需将光伏组件产生的直流电转换成交流电，不需要逆变器，从而明显降低了系统成本，提高了系统的效率。

2.1.5 任务实施单

任务名称	光伏路灯照明系统的设计	完成时长	
班级		组别	
学号		姓名	
任务要求	完成本项目光伏路灯照明系统的设计工作		
实施过程记录			
任务实施总结			

2.1.6　任务验收单

任务名称	光伏路灯照明系统的设计	验收时间	
班级		组别	
学号		姓名	
任务要求	完成本项目光伏路灯照明系统的设计工作		
验收要点	序号	验收内容	验收结果
	1	正确计算光伏路灯照明系统的光伏组件容量，并完成选型	
	2	正确选择光伏路灯照明系统的蓄电池参数，并完成选型	
	3	正确选择光伏路灯照明系统的控制器参数，并完成选型	
验收结果			

2.1.7　任务评价单

学生自我评价单

项目 2	光伏路灯照明系统	任务 2.1	光伏路灯照明系统的设计	
评价项目	8≤优≤10（分）	6≤良<8（分）	4≤中<6（分）	2<差<4（分）
1. 学习态度是否主动，能否及时完成教师布置的各项任务				
2. 是否完整地记录探究活动的过程，收集的有关信息和资料是否完整				
3. 能否根据学习资料对任务进行合理分析，并对所制定的方案进行可行性分析				
4. 是否能够完全领会教师的授课内容，并快速掌握技能				
5. 是否积极参与各种讨论，并能清晰地表达自己的观点				
6. 能否独立或合作完成任务				
7. 对出现的问题是否能主动思考，并使用现有知识进行解决，以及知道自己在某些知识方面的不足之处				
8. 是否通过任务训练达到学习目标				
9. 是否有安全、环保意识与团队合作意识				
10. 工作过程中是否能保持整洁、有序、规范的工作环境				
姓名		日期		总评
任务总结				

学生互评单

项目 2	光伏路灯照明系统	任务 2.1	光伏路灯照明系统的设计
评价项目			评分
1. 在组队中是否称职，能否按计划完成团队任务（20 分）			
2. 能否主动思考并解决问题（20 分）			
3. 是否完成任务（20 分）			
4. 是否有团队合作意识（20 分）			
5. 是否积极参与各种讨论，并能清晰地表达自己的观点（20 分）			
评价人		合计	
改进建议			

教师评价单

考核点	标准（分）	得分
任务方案准备与计划	20	
实施操作及团队协作	20	
知识和技能掌握情况	20	
数据记录与分析	20	
任务汇报与总结	20	
合计	100	

任务评价单

项目 2	光伏路灯照明系统	学生自评	学生互评	教师评分	总分
		30%	30%	40%	
任务 2.1	光伏路灯照明系统的设计				

2.1.8 自我评测

1. 光伏控制器的功能是什么？
2. 为什么离网型光伏发电系统需要储能设备？
3. 简述铅酸蓄电池的工作原理。

课后习题

任务 2.2　光伏路灯照明系统的安装

学习目标

1. 知识目标

掌握光伏路灯照明系统的安装方法。

2. 能力目标

（1）能完成光伏组件的安装。

（2）能完成蓄电池的安装。

（3）能完成光伏控制器的安装。

3. 素养目标

（1）树立质量与成本意识。

（2）培养实事求是、精益求精的精神。

（3）培育正确的劳动价值观、积极的劳动精神和良好的劳动品质。

2.2.1　任务引入

本任务要求完成一套在山东省济南市某道路使用的光伏路灯照明系统的安装，路灯光源为 30 W 的 LED 灯 2 只，每夜累计照明时间为 7 h。

2.2.2　任务工单

任务名称	光伏路灯照明系统的安装	指导教师	
班级		组别	
学号		姓名	
任务描述	本任务要求完成一套在山东省济南市某道路使用的光伏路灯照明系统的安装，路灯光源为 30 W 的 LED 灯 2 只，每夜累计照明时间为 7 h		
材料清单	设备：光伏路灯照明系统配件 工具：万用表、剥线钳、压线钳 耗材：导线、号码管、线鼻子		
知识点	光伏路灯照明系统的安装流程		
技能点	1. 蓄电池的安装 2. 光伏组件的安装 3. 灯杆的安装 4. 吊装 5. 控制器连接 6. 灯杆校验 7. 灯具检查		

2.2.3 知识点链接库

知识点　光伏路灯照明系统的安装

1. 蓄电池的安装

核对蓄电池容量与设计是否相同（若多块组联，则要确定串、并联方式，并联电池不能超过 4 块）。在蓄电池接线时，必须注意焊接点要牢固。将连接好的电池装进蓄电池保温箱中，封闭保温箱。为了避免漏水，注意在组装时将保温箱各处螺丝紧固好。

将组装好的蓄电池盒，置入蓄电池坑中，盖好盖板（或者直接埋于土里）；最好选择在晴天进行蓄电池入坑工作；入坑后将连接线从安装基础引出坑，测试电压是否正常。如果不正常应进行检查。

2. 光伏组件的安装

组装前将光伏组件支架与灯杆运至基础附近，将电池板用螺丝固定在架子上，按要求对光伏组件实行串、并联接线。为了确保电压符合安装要求，接线完毕后再进行测试。在天气晴朗的条件下，12 V 系统光伏组件测试电压不能低于 18 V，24 V 系统光伏组件测试电压不能低于 36 V。

3. 灯杆的安装

确定安装位置，检查灯杆型号是否正确（如单头、双头），配合相应的长短跳臂；将合适的导线裁至相应的位置，以灯杆为基准，安装跳臂及灯头，确定灯具的位置及水平度。接线时检查灯线是否紧固。

连接光源与导线，按说明书正确连接导线，注意正负极。连接完线后要检查连接是否牢固。安装光源过程中，注意光源的投光要垂直于地面，而不是跳臂面。

连接好光源后，先用万用表测试其阻值及与杆体有无接地现象，然后对其进行亮灯测试，确认连接正确。

4. 吊装

灯杆部位都安装好后，再对光源进行检测，检测完毕方可吊装。为了便于安装，先要对基础表面进行清理。当将杆体吊到 1 m 以上时，可对电池板进行整体方向调整、固定，再清理杆体上的污垢。若局部擦碰严重，还应进行补漆处理。

起吊过程中，注意杆体移动方向与速度，由专人扶住灯杆，避免碰伤人员。杆体下降过程要缓慢，并有专人指挥吊车司机。

灯杆落下时不要压住蓄电池管线，同时要缓慢下降。螺丝紧固时要对称紧固，M24 以上的螺母要使用加力杆，力杆长度不小于 1.2 m。四脚受力要均匀，保持杆体正直。

5. 控制器连接

严格按照控制器说明书来安装。先接蓄电池端，再接负载端（观察灯是否亮，亮灯为正常；如不正常应检查、更换控制器），最后接光伏组件端（观察灯是否熄灭，熄灭为正常，有些控制器带有延时功能，灯 3～5 min 后会自动熄灭），在接线过程中，注意正负极要接正确。为避免触电，不要两手同时拿光伏组件的正负极线端。

6. 灯杆校验

对灯杆进行整体性调整，确保灯杆端直；对螺母进行防腐处理，涂抹油脂；清理杆体上的污垢，将标牌固定在杆体的固定位置。

7. 对所安装灯进行全面检查

检查内容主要有亮灯是否正常，光伏组件方向的正确与统一性，杆体是否端直，标牌内容是否完整等。

8. 对亮灯进行参数统计

实验测试，记录数据，并进行整理、分析，同时完成施工报告。将外构件的说明书、合格证等资料存档。

2.2.4 任务实施

1. 任务准备

准备好光伏路灯照明系统实训设备，一字螺丝刀 1 把、十字螺丝刀 1 把、六角螺丝刀 1 把、剥线钳 1 把、压线钳 1 把、万用表 1 个、MC4 接头套件若干、配套导线若干。

2. 任务内容

使用实训装置，按照设计图纸，完成下列工作。

（1）蓄电池安装。

（2）光伏组件安装。

（3）灯杆安装。

（4）控制器连接。

（5）灯杆校验、检查等。

（6）光伏路灯照明系统全面检查。

2.2.5 任务实施单

任务名称	光伏路灯照明系统的安装	完成时长	
班级		组别	
学号		姓名	
任务要求	完成光伏路灯照明系统的安装		
实施过程记录			
任务实施总结			

2.2.6 任务验收单

任务名称	光伏路灯照明系统的安装	验收时间	
班级		组别	
学号		姓名	
任务要求	完成光伏路灯照明系统的安装工作		
验收要点	序号	验收内容	验收结果
	1	正确安装蓄电池	
	2	正确安装光伏组件	
	3	正确安装控制器	
	4	正确完成相关线路安装	
	5	正确完成灯杆安装	
	6	正确完成灯具安装	
验收结果			

2.2.7 任务评价单

学生自我评价单

项目 2	光伏路灯照明系统	任务 2.2	光伏路灯照明系统的安装

评价项目	8≤优≤10（分）	6≤良<8（分）	4≤中<6（分）	2<差<4（分）
1. 学习态度是否主动，能否及时完成教师布置的各项任务				
2. 是否完整地记录探究活动的过程，收集的有关信息和资料是否完整				
3. 能否根据学习资料对任务进行合理分析，并对所制定的方案进行可行性分析				
4. 是否能够完全领会教师的授课内容，并快速掌握技能				
5. 是否积极参与各种讨论，并能清晰地表达自己的观点				
6. 能否独立或合作完成任务				
7. 对出现的问题是否能主动思考，并使用现有知识进行解决，以及知道自己在某些知识方面的不足之处				
8. 是否通过任务训练达到学习目标				
9. 是否有安全、环保意识与团队合作意识				
10. 工作过程中是否能保持整洁、有序、规范的工作环境				

姓名		日期		总评	
任务总结					

学生互评单

项目 2	光伏路灯照明系统	任务 2.2	光伏路灯照明系统的安装
评价项目			评分
1. 在组队中是否称职，能否按计划完成团队任务（20 分）			
2. 能否主动思考并解决问题（20 分）			
3. 是否完成任务（20 分）			
4. 是否有团队合作意识（20 分）			
5. 是否积极参与各种讨论，并能清晰地表达自己的观点（20 分）			
评价人		合计	
改进建议			

教师评价单

考核点	标准（分）	得分
任务方案准备与计划	20	
实施操作及团队协作	20	
知识和技能掌握情况	20	
数据记录与分析	20	
任务汇报与总结	20	
合计	100	

任务评价单

项目 2	光伏路灯照明系统	学生自评	学生互评	教师评分	总分
		30%	30%	40%	
任务 2.2	光伏路灯照明系统的安装				

2.2.8　自我评测

1. 简述蓄电池安装的注意事项。
2. 简述控制器安装的注意事项。
3. 简述灯具安装的注意事项。

课后习题

任务 2.3　光伏路灯照明系统的运行维护

学习目标

1. 知识目标

（1）掌握光伏路灯照明系统日常维护内容。

（2）掌握光伏路灯照明系统常见故障检修方法。

2. 能力目标

（1）能进行光伏路灯照明系统日常维护。

（2）能进行光伏路灯照明系统常见故障排除。

3. 素养目标

（1）树立质量与成本意识。

（2）培养实事求是、精益求精的精神。

（3）培育正确的劳动价值观、积极的劳动精神和良好的劳动品质。

2.3.1　任务引入

本项目要求在山东省济南市某道路设计并安装了一套光伏路灯照明系统，路灯光源为 30 W 的 LED 灯 2 只，每夜累计照明时间为 7 h。请开展该光伏路灯照明系统的运行维护工作。

2.3.2　任务工单

任务名称	光伏路灯照明系统的运行维护	指导教师	
班级		组别	
学号		姓名	
任务描述	在山东省济南市某道路设计并安装了一套光伏路灯照明系统，路灯光源为 30 W 的 LED 灯 2 只，每夜累计照明时间为 7 h。请开展该光伏路灯照明系统的运行维护工作		
材料清单	设备：光伏路灯照明系统 工具：万用表、剥线钳、压线钳 耗材：导线、号码管、线鼻子		
知识点	光伏路灯照明系统的运行维护工作内容和注意事项		
技能点	1. 检查光伏路灯照明系统光源 2. 检查蓄电池 3. 检查线路和接口 4. 清洁光伏组件 5. 清洁灯具 6. 检查并维护蓄电池 7. 排查光伏路灯照明系统故障		

2.3.3 知识点链接库

知识点 光伏路灯照明系统的运行维护

光伏路灯照明系统的运行维护主要包括日常检查和定期维护等几个方面的工作。

1. 日常检查

（1）环境检查

① 定期检查路灯周边环境，保持整洁，避免遮挡阳光或影响散热。

② 特别注意清理太阳能电池板表面的灰尘、杂物等，以确保良好的采光效率。可使用柔软的湿布进行擦拭，切勿使用硬物或腐蚀性溶剂。

（2）光源检查

① 观察灯具是否正常发光，如有损坏应及时更换灯具。

② 禁止硬物或尖锐物体的冲击，以免损坏光源。

（3）蓄电池检查

① 检查蓄电池的电量状态、连接是否松动、有无漏液等情况。

② 严格按照蓄电池的使用维护方法进行操作，定期清理蓄电池表面的灰尘和污垢。

（4）线路和接口检查

① 光伏路灯照明系统的电路连接部分易受到湿气、氧化等因素的影响，导致电路故障。定期检查光伏路灯照明系统的电路接线，确保没有松动或破损。

② 检查各接口是否牢固，防止出现漏电或接触不良的情况。

2. 极端天气后的检查

（1）大风、大雨、大雪后检查

① 检查电池板是否发生移位，控制器和蓄电池箱内是否进水、积水。

② 检查路灯各部件是否受损，特别是灯杆等结构部件。

（2）雷雨后检查

重点检查装置是否正常工作，控制器是否损坏。

3. 定期维护

（1）光伏组件清洁

定期清理太阳能电池板表面的灰尘、杂物等，清洁频率可根据当地环境灰尘情况而定，一般建议每 1～3 个月检查一次。

（2）灯具清洁

灯具表面可能会积累灰尘、污垢等杂质，这会降低照明效果。定期清洁灯具，可以确保光能的充分利用，延长电池的使用寿命。

（3）蓄电池维护

① 定期检查蓄电池的充放电状态，确保其正常工作。

② 根据使用时间，必要时进行更换。蓄电池的检查频率可设为每 3～6 个月一次。

4. 整体性能测试

（1）定期对路灯的整体性能进行测试，如照明效果、蓄电池续航能力等。

（2）确保各部件的防水性能良好，防止进水导致损坏。

（3）控制器调试

① 确保控制器的参数设置正确，根据实际情况进行合理调整，如亮灯时间、亮度等。

② 控制器的调试和检查建议每半年左右进行一次。

5. 常见故障及其维修方法

（1）光照不足。这可能是太阳能电池板受到阴影遮挡或灰尘覆盖导致的。解决这个问题的方法是清洁太阳能电池板表面，确保其能够充分接收阳光。如果太阳能电池板受到严重损坏，需要更换新的电池板。

（2）电池电量不足。这可能是由于光伏组件老化或控制器故障导致的。解决这个问题的方法是更换新的光伏组件或控制器。同时，还可以考虑增加光伏组件的数量，以提高充电效率。

（3）灯具故障。这可能是由于灯具老化或损坏导致的。解决这个问题的方法是更换新的灯具。在更换灯具时，需要注意选择与原灯具相匹配的型号和规格，以确保正常使用。

（4）控制器故障。这可能是由于控制器损坏或程序错误导致的。解决这个问题的方法是更换新的控制器或重新设置控制器的程序。在更换控制器时，需要注意选择与原控制器相匹配的型号和规格，以确保正常运行。

（5）电缆连接故障。这可能是由于电缆老化、接触不良或损坏导致的。解决这个问题的方法是更换新的电缆或修复接触不良的部分。在更换电缆时，需要注意选择与原电缆相匹配的型号和规格，以确保正常连接。

6. 其他注意事项

（1）安全操作

① 在进行维护操作时，务必确保电源已切断，避免触电危险。

② 穿戴好防护用品，如手套、安全鞋等。

（2）专业维护

对于复杂的维护任务或需要更换部件的情况，建议由专业人员进行操作。

（3）记录与制定维护计划

① 建立详细的维护记录，记录每次维护的时间、内容、发现的问题及解决方案等。

② 根据实际情况制定合理的维护计划，确保路灯系统长期处于良好状态。

2.3.4 任务实施

1. 任务准备

准备好光伏路灯照明系统实训设备，一字螺丝刀 1 把、十字螺丝刀 1 把、六角螺丝刀 1 把、剥线钳 1 把、压线钳 1 把、万用表 1 个、MC4 接头套件若干、配套导线若干。

2. 任务内容

（1）规范地完成光伏组件的运维工作。

（2）规范地完成控制器的运维工作。

（3）规范地完成蓄电池的运维工作。

（4）规范地完成灯具、灯杆的相关运维工作。

2.3.5　任务实施单

任务名称	光伏路灯照明系统的运行维护	完成时长	
班级		组别	
学号		姓名	
任务要求	完成光伏路灯照明系统的运行维护工作		
实施过程记录			
任务实施总结			

2.3.6　任务验收单

任务名称	光伏路灯照明系统的运行维护		验收时间	
班级			组别	
学号			姓名	
任务要求	完成光伏路灯照明系统的运行维护工作			
验收要点	序号	验收内容		验收结果
	1	规范完成光伏路灯照明系统的运行维护工作		
	2	正确使用相关仪器仪表		
验收结果				

2.3.7 任务评价单

学生自我评价单

<table>
<tr><td colspan="2">项目 2</td><td colspan="2">光伏路灯照明系统</td><td>任务 2.3</td><td colspan="3">光伏路灯照明系统的运行维护</td></tr>
<tr><td colspan="4">评价项目</td><td>8≤优≤10（分）</td><td>6≤良＜8（分）</td><td>4≤中＜6（分）</td><td>2＜差＜4（分）</td></tr>
<tr><td colspan="4">1. 学习态度是否主动，能否及时完成教师布置的各项任务</td><td></td><td></td><td></td><td></td></tr>
<tr><td colspan="4">2. 是否完整地记录探究活动的过程，收集的有关信息和资料是否完整</td><td></td><td></td><td></td><td></td></tr>
<tr><td colspan="4">3. 能否根据学习资料对任务进行合理分析，并对所制定的方案进行可行性分析</td><td></td><td></td><td></td><td></td></tr>
<tr><td colspan="4">4. 是否能够完全领会教师的授课内容，并快速掌握技能</td><td></td><td></td><td></td><td></td></tr>
<tr><td colspan="4">5. 是否积极参与各种讨论，并能清晰地表达自己的观点</td><td></td><td></td><td></td><td></td></tr>
<tr><td colspan="4">6. 能否独立或合作完成任务</td><td></td><td></td><td></td><td></td></tr>
<tr><td colspan="4">7. 对出现的问题是否能主动思考，并使用现有知识进行解决，以及知道自己在某些知识方面的不足之处</td><td></td><td></td><td></td><td></td></tr>
<tr><td colspan="4">8. 是否通过任务训练达到学习目标</td><td></td><td></td><td></td><td></td></tr>
<tr><td colspan="4">9. 是否有安全、环保意识与团队合作意识</td><td></td><td></td><td></td><td></td></tr>
<tr><td colspan="4">10. 工作过程中是否能保持整洁、有序、规范的工作环境</td><td></td><td></td><td></td><td></td></tr>
<tr><td>姓名</td><td></td><td>日期</td><td></td><td>总评</td><td colspan="3"></td></tr>
<tr><td>任务总结</td><td colspan="7"></td></tr>
</table>

学生互评单

<table>
<tr><td>项目 2</td><td>光伏路灯照明系统</td><td>任务 2.3</td><td>光伏路灯照明系统的运行维护</td></tr>
<tr><td colspan="3">评价项目</td><td>评分</td></tr>
<tr><td colspan="3">1. 在组队中是否称职，能否按计划完成团队任务（20 分）</td><td></td></tr>
<tr><td colspan="3">2. 能否主动思考并解决问题（20 分）</td><td></td></tr>
<tr><td colspan="3">3. 是否完成任务（20 分）</td><td></td></tr>
<tr><td colspan="3">4. 是否有团队合作意识（20 分）</td><td></td></tr>
<tr><td colspan="3">5. 是否积极参与各种讨论，并能清晰地表达自己的观点（20 分）</td><td></td></tr>
<tr><td>评价人</td><td></td><td>合计</td><td></td></tr>
<tr><td>改进建议</td><td colspan="3"></td></tr>
</table>

教师评价单

考核点	标准（分）	得分
任务方案准备与计划	20	
实施操作及团队协作	20	
知识和技能掌握情况	20	
数据记录与分析	20	
任务汇报与总结	20	
合计	100	

任务评价单

项目 2	光伏路灯照明系统	学生自评	学生互评	教师评分	总分
		30%	30%	40%	
任务 2.3	光伏路灯照明系统的运行维护				

2.3.8　自我评测

1. 简述蓄电池日常运行维护的注意事项。
2. 简述控制器日常运行维护的注意事项。
3. 简述照明灯具日常运行维护的注意事项。

课后习题

案例拓展

风光互补路灯系统

1. 风光互补路灯系统设计标准和适宜地区

（1）设计标准

风光互补路灯系统设计应符合国家有关标准，如《城市道路照明设计标准》（CJJ 45—2015）、《公路工程技术标准》（JTG B01—2014）。

（2）适宜地区

风光互补路灯系统适宜地区应有严格要求，如果风力不够，太阳辐照强度小，那么风光互补路灯系统就不能满足该地区的照明要求。适宜地区如年平均风速 3 m/s 以上地区、太阳能资源Ⅱ类及以上可利用地区。

2. 风光互补路灯系统的组成及要求

（1）系统组成

第一个例子：一个独立的风光互补路灯系统（如图 2-14 所示）主要组成部件包括：

图 2-14　风光互补路灯系统

一台低风速风力发电机，一组单晶硅光伏组件，一套灯具，一个或几个阀控式铅酸蓄电池，一个风光互补路灯控制器，电缆等。

第二个例子：独立的风光互补路灯系统主要组成部件包括：300 W 的风机 1 台，一个风光互补路灯控制器，100 W 的光伏组件 2 块，光源 24 V/80 W 的 LED 灯和 24 V/20 W 的 LED 灯各 1 盏，12 V/150 Ah 的蓄电池 2 个，灯杆 10 m（双灯）1 套，电缆附件 1 套等。

第一个例子中的风光互补路灯系统可保证每天可靠亮灯 8～10 h。系统在连续没有风能和太阳能补充的情况下能正常供电 3～5 天，实现了光控亮灯、时空关灯，以及全功率、半功率全自动控制。灯杆总高 10 m，采用双边交叉布灯，灯杆间距 25 m。蓄电池采用埋地处理，以提高电池性能寿命，同时起到防盗窃作用。第二个例子中的风光互补路灯系统目前运行仍然良好。

（2）组件的技术性能要求

为了保证风光互补路灯照明系统长期有效运行，须确保风光互补路灯每个组件的技术指标的可靠性，特别是 LED 灯光源使用寿命和蓄电池使用寿命的技术指标。

① 风力发电机的要求

a. 风机性能应满足 GB 17646—2017《小型风力发电机组》的规定并附有机械工业风机产品质量监督检测中心出具的检测报告。

b. 选择的风机最重要的是运行要平稳，不要产生振动，因为风机运行时的振动不但会引起灯罩和太阳能支架的固件松脱，而且会消耗更多的功率。此外为了减小塔杆的负荷，选择的风机重量要轻，造型要美观。根据光源的功率不同，使用的风力发电机的功率也不同，一般有 200 W、300 W、400 W、600 W 等，输出的电压也有 12 V、24 V、36 V 等若干种。

应用领域：根据应用场合的不同，风力发电机又分为并网型和离网型。可以是几千瓦乃至几十千瓦的机组，解决一个村庄的用电需求，也可以是几百到几千瓦的小型风力发电机组，解决一户的供电。

风光动力离网型风光互补发电系统是应用在无电网地区的独立运行发电系统，风机功率一般在 300～3 000 W，需要与蓄电池和其他控制装置共同组成独立运行发电系统。

风光动力并网型风光互补发电系统主要利用 3～30 kW 功率风机，这种发电系统不需要蓄电池储存电能，降低了发电成本。其是在有电网地区利用风光互补发电系统向电网输送电力，可以减少常规能源发电，从而减少 CO_2 排放。

c. 从经济角度来说，最好使用大型风力机（风机），越大越好。这是因为风机每千瓦的成本随着风机尺寸增大而下降。然而，由于目前制造和运行可靠性的限制，风机的尺寸还不能太大。另外，风机成本随额定风速的增加而下降。根据这个估算，批量生产的大型风力发电机（兆瓦级）的成本为批量生产的中型风机成本的一半。

d. 若风光互补路灯系统的风机用在沿海地区，则应该适用于特定环境要求，如具有抗高湿度、抗大风速、防水、抗腐蚀、抗老化、耐磨损和便于安装使用。

e. 小型风力发电机使用寿命应在 15 年以上，风机内各部件（叶片、发电机、轴承、齿轮箱、塔架和蓄能设备等）在风力机的使用年限内，运行和维修费用最低，质量至少要保证 3 年。

f. 风力发电机应具有动平衡好、切割磁力线佳的特点，从而达到发电效率高、对切入风速要求低的目标。

g. 风叶的末端应有独特的抗台风、抗雷击自恢复保护装置，当遇到台风等超级强风时，该装置自动旋转折叠，以减少风机的迎风面积，实现对风机的保护。当台风过后，装置自动复位。

h. 风光动力风机还应有自动衡速装置。在永磁发电机的前端与风叶结合部之间设有自动衡速保护设施装置，该装置在遇到超强风时利用自身的离心力，自动对风机进行衡速运转，有效保护风机、电气设备不受超强风损害。

i. 为了使风机具有优良的动静平衡性能，转动时重心稳定，且功损低、噪声小，风光动力风机风叶外形设计要符合空气动力学原理，风叶必须是使用寿命长的轻质合金材料制作。

② 选用的太阳能电池组件应符合国际电工委员会 IEC 61215：2021 和 IEC 61730：2023 标准。在标准条件下（即大气质量 AM1.5，标准光强 E100 MW/m^2，温度为 25 ℃），测试周期内光照面上的辐照不均匀性小于±5%，具有优良的防腐、防风、防水和防雹能力。光伏组件使用寿命在 25 年以上，质保期 3 年。

在太阳光充足、日照好地区，风光互补 LED 路灯一般多采用供电持续性要求较高、弱光性较强的多晶硅太阳能电池；在阴雨天比较多、阳光相对不是很充足的地区，还是采用单晶硅太阳能电池为好。为了便于安装前的采购、测试等，在风光互补 LED 路灯系统设计说明书中，应注明太阳能电池组件一系列主要技术参数，如是多晶硅还是单晶硅、抗冰雹能力、接线盒类型、组件效率、使用温度范围、最大系统耐压、重量、开路电压、峰值电压、短路电流、峰值电流、标准功率、功率偏差等。

③ 对太阳能控制器的要求

为了防止蓄电池过充放电，延长蓄电池的使用寿命，在风光互补照明路灯系统中必须设置一个性能良好的充放电控制器，如风光互补智能控制器。在温差较大的地方，合格的控制器还应具备温度补偿功能。同时太阳能控制器应兼有路灯控制功能，具有光控、时控功能。为了便于阴雨天延长路灯工作的时间，太阳能控制器也应具有夜间自动切控负载的能力。

④ 对蓄电池的要求

选择蓄电池容量时，在满足夜晚照明的前提下，把白天太阳能电池组件的能量尽量储存下来，同时还要能够储存满足连续阴雨天夜晚照明需要的电能。因此蓄电池的质量非常重要，特别是蓄电池的使用寿命。蓄电池使用寿命要求不低于 5 年，质保期为 3 年。主要技术性能均应达到或超过 JB/T 9653—1999 的标准。蓄电池的型号、容量、电压、质量都要标明。对蓄电池的充电模式的技术指标，如过充保护电压、恢复充电电压、过放保护电压、恢复放电电压、恒压浮充充电恒压值也应注明。蓄电池应具有的综合性能是自放电率低、耐深度放电能力强和较强容量恢复能力。

蓄电池采用地表下安装方式。由于蓄电池在低温或高温环境下都会影响其工作性能，尤其是在低温条件下，其工作容量将会下降很多。在地表下 1～1.5 m 处，其环境温度受地温的影响较明显，起到一定的“恒温”作用，使蓄电池本身的温度在冬季时比地表高，在夏季时比地表上温度低，有利于蓄电池性能的发挥。

⑤ 对灯具的要求

对灯具的要求是寿命长、光衰低。目前，国内外已有很多工程应用无极灯作为风光互补路灯系统的光源。这是因为无极灯工作电流小，同功率的无极灯与金卤灯和高压钠灯相比电流只有后二者一半左右，可大大降低太阳能电池板和蓄电池的配置。另外其寿命超长，光通维持率高，显色性好，这些优点都非常适合作为太阳能光源。如果要选用 LED 光源，则应该要求其真正达到出厂的技术指标，如寿命、工作电压、发光效率等。

相同功率的光源实际工作电流越小越好，这样整体造价就会下降。

⑥ 对灯杆及灯具外壳的要求

灯杆的高度应根据道路的宽度、灯具的间距及道路的照度标准确定。灯杆必须满足抵抗 10 级风荷载的强度要求。由于风光互补路灯有其特殊性，风机安装在灯杆顶部，组件安装在离地 7 m 以上。其等效垂直面会承载风压，这就对灯杆的整体构成一定的水平剪切力，灯杆受剪切力大，所以灯杆的下口径不小于 200 mm，上管径不得小于 100 mm，管壁厚度≥4 mm（未镀锌前）。灯杆的材质首选优质钢材，必须热镀锌喷塑。实践证明，这样的灯杆能够经受大风的冲击。在路灯结构设计中，除考虑强度因素外，还应考虑灯杆的抗腐蚀性，以及外观的美观、新颖等。

制作灯具外壳时应该将节能放在第一位，然后再强调美观。按灯杆 10 m 高及上述安装模式实现资源的最大利用。

灯杆一般高度为 10 m，灯具离地 8 m，灯杆间距 25 m，采用双边交叉布灯模式。

⑦ 对智能监控的要求

为了保证风光互补路灯照明系统能正常工作，以及故障及时排除，应实现远程智能监控，每盏 LED 路灯都应设有一个控制接口。如按不同的路段或片区分组来组网，为了便于分组管理和控制，在每个路灯供电控制室内都要设置一台现场控制器。

⑧ 对电线电缆的要求

整个电线电缆系统力求简单、实用、可靠，结构模块化，便于扩展和维修。

⑨ 对能源偿还时间的要求

风光互补照明路灯系统的风机在使用时间内获取的能量远大于制造风机所消耗的能量和运行及维修消耗的能量。

课后项目

光伏楼宇照明系统采用光伏组件发电为楼道及楼门口的照明灯供电，每个单元配置一套系统。该系统具有节能、寿命长、不受停电影响、住户无共摊电费等优点。该照明系统还可以和单元的楼宇对讲系统及紧急通道指示灯等合并供电使用，实行一个单元一套系统，单元楼道公共用电的光伏供电化。

设计及安装要求

（1）每层单元楼道安装一只 1 W 的 LED 灯，采用声光控开关。以 6 层楼为例，共安装 7 只 LED 灯。

（2）每盏灯每次点亮后，会延时 1～2 min 熄灭，由于用电很省，所配蓄电池可以提供 10～15 个阴雨天的正常供电。

（3）为防止因长时间连续阴雨天，蓄电池得不到太阳能的能量补充，系统具备采用交流市电补充充电的功能。当蓄电池电量不足时，系统将自动切换到交流电充电模式，蓄电池充满后自动关断，系统又返回到太阳能充电模式。

（4）太阳能电池组件安装在楼顶，面向正南向阳处。

项目 3
4 kW 离网型光伏发电系统

项目说明

现需在宁夏回族自治区银川市某地建设一个地面离网型光伏发电系统，该地年总辐照量可达 5 040～6 102 MJ/m^2，年日照时数为 2 284～2 495 h。该离网型光伏发电系统工作电压为直流 48 V，负载功率为 2.5 kW，负载工作电压为单相交流 220 V，平均每天用电时间为 3.5 h，连续阴雨天气下连续工作时间为 2 天，光伏阵列面峰值日照时数取 4.5 h，光伏阵列水平方位角选择正南方向。

任务 3.1　4 kW 离网型光伏发电系统的设计

学习目标

1. 知识目标

（1）掌握离网型逆变器的主要技术参数。

（2）掌握离网型光伏发电系统的设计原则和步骤。

2. 能力目标

（1）能进行负载用电量的计算。

（2）能进行光伏阵列容量的计算，并完成光伏组件的选型。

（3）能进行蓄电池容量的计算，并完成蓄电池的选型。

（3）能完成光伏控制器的选型。

（4）能完成光伏逆变器的选型。

3. 素养目标

（1）提高自主学习能力。

（2）培养利用网络查阅资料的能力。

3.1.1 任务引入

现需在宁夏回族自治区银川市某地建设一个地面离网型光伏发电系统，该地年总辐照量可达 5 040～6 102 MJ/m²，年日照时数为 2 284～2 495 h。该离网型光伏发电系统工作电压为直流 48 V，负载功率为 2.5 kW，负载工作电压为单相交流 220 V，平均每天用电时间为 3.5 h，连续阴雨天气下连续工作时间为 2 天，光伏阵列面峰值日照时数取 4.5 h，光伏阵列水平方位角选择正南方向。请完成该项目的光伏发电系统设计工作。

3.1.2 任务工单

任务名称	4 kW 离网型光伏发电系统的设计	指导教师	
班级		组别	
学号		姓名	
任务描述	现需在宁夏回族自治区银川市某地建设一个地面离网型光伏发电系统，该地年总辐照量可达 5 040～6 102 MJ/m²，年日照时数为 2 284～2 495 h。该离网型光伏发电系统工作电压为直流 48 V，负载功率为 2.5 kW，负载工作电压为单相交流 220 V，平均每天用电时间为 3.5 h，连续阴雨天气下连续工作时间为 2 天，光伏阵列面峰值日照时数取 4.5 h，光伏阵列水平方位角选择正南方向。请完成该项目的光伏发电系统设计工作		
材料清单	设备：计算机 工具：相关设计软件、绘图软件		
知识点	1. 离网型光伏发电系统的结构 2. 离网型光伏发电系统设计的内容 3. 离网型光伏发电系统设计的原则 4. 离网型光伏发电系统设计考虑的因素 5. 光伏阵列 6. 支架系统 7. 逆变器		
技能点	1. 使用设计软件进行光伏发电系统相关设计 2. 使用软件进行光伏发电系统设计绘图		

3.1.3 知识点链接库

知识点 1 离网型光伏发电系统的结构

讲解视频

离网型光伏发电系统由光伏阵列、控制器、蓄电池、逆变器和交流负载等构成。对于这种类型的光伏发电系统设计，主要是根据用电设备，计算光伏阵列容量、蓄电池容量和完成配套电气设备的选型。设计时需要对用电设备进行细致的了解。计划装机规模、投资额度、资金来源，以及安装现场周围环境、安装面积、有无遮挡物及负载功率、供电方式、使用要求等都是进行方案设计和实施时必须考虑的因素。离网型光伏发电系统的结构如图 3−1 所示。

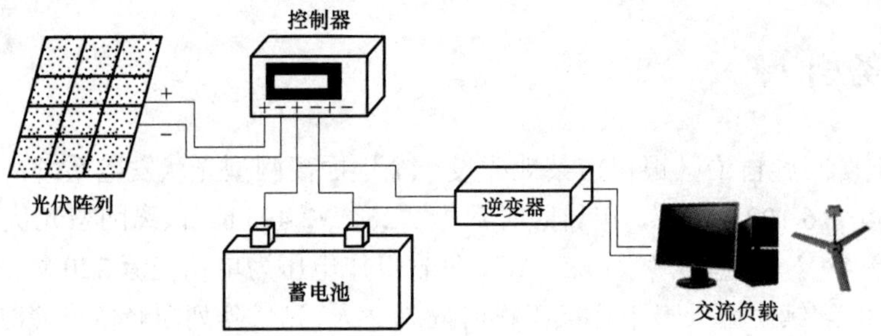

图 3-1　离网型光伏发电系统的结构

1. 光伏阵列

光伏阵列既是光伏发电系统中的核心部分，也是光伏发电系统中价值最高的部分。其作用是将太阳的辐射能量转换为电能，并送往蓄电池中存储起来，也可以直接用于负载工作。

2. 蓄电池

蓄电池的作用主要是存储光伏阵列发出的电能，并可随时向负载供电。目前，为光伏系统配套使用的主要是免维护铅酸电池，在小型、微型系统中，也可用镍氢电池、镍镉电池、锂电池或超级电容器。

3. 控制器

控制器的作用是控制整个系统的工作状态，其功能主要有蓄电池过充电保护、过放电保护、系统短路保护、系统极性反接保护、夜间防反充保护等。在温差较大的地区，控制器还具有温度补偿的功能。

4. 逆变器

逆变器是把光伏阵列或者蓄电池输出的直流电转换成交流电供应给电网或者交流负载使用的设备。独立运行的逆变器用于独立运行的光伏发电系统，为独立负载供电。

知识点 2　离网型光伏发电系统设计的内容

一般来说，光伏发电系统的设计分为软件设计和硬件设计，软件设计先于硬件设计。软件设计包括负载用电量的计算、光伏阵列辐照量的计算、光伏阵列容量与蓄电池容量的计算及两者之间相互匹配的优化设计、光伏阵列倾角的计算、系统运行情况预测和经济效益分析等内容。硬件设计包括光伏阵列和蓄电池的选型、光伏阵列支架的设计、逆变器的设计和选型、控制器的设计和选型、防雷接地与配电设备及低压配电线路的设计与选型等。图 3-2 为离网型光伏发电系统的设计内容。

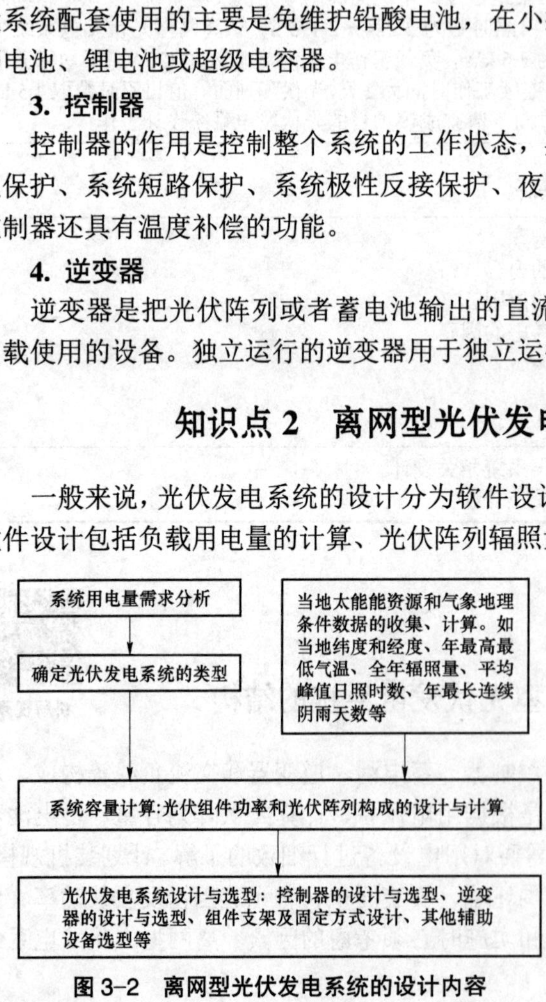

图 3-2　离网型光伏发电系统的设计内容

知识点 3　离网型光伏发电系统设计的原则

1. 成本原则

对于离网型光伏发电系统，要在充分满足用户负载用电的情况下，尽量减少光伏阵列及蓄电池的容量，以达到可靠性和经济性的最佳组合。应避免盲目追求低成本或高可靠性的倾向，纠正片面强调经济效益、随意减小系统容量的做法。

2. 科学原则

光伏发电系统和相关产品要根据负载的要求和当地的气象及地理条件（如纬度、全年辐照量和最长连续阴雨天数等），进行专门的优化设计。

3. 安全原则

设计光伏发电系统要考虑防雷接地、系统安全隐患等方面的问题。如应对所有电气设备（包括光伏阵列、逆变器、接线箱和配电柜等）的金属外壳进行等电位连接，并连接到建筑物的接地体上。光伏发电系统直流侧应采用避雷器等手段来防止雷电的电磁感应和雷电侵入造成的过电压等。

4. 可靠原则

须考虑离网型光伏发电系统与公共电网的完美结合与兼容。系统应采用高可靠性、高电能质量且技术成熟的并网逆变器，结合完善的保护措施来提高光伏发电系统的供电可靠性和输出电能质量，从而避免对公共电网造成负面影响。

5. 高效原则

为了增加光伏阵列的输出能量，应尽量让光伏阵列更长时间暴露在阳光下，且避免光伏阵列之间互相遮挡以及被高大建筑物遮挡阳光。

6. 可扩展性原则

随着光伏发电技术的发展，光伏发电系统的功能也越来越强大。这就要求光伏发电系统能适应系统的扩充和升级。光伏发电系统的光伏阵列应由并联的模块化结构组成，是在系统需扩充时可以直接并联加装的光伏阵列；光伏控制器或并网逆变器也应采用模块化结构，在系统需要升级时，可直接对系统进行模块扩展。

7. 智能化原则

光伏发电系统，在使用过程中应尽量减少人工操作，光伏控制器可以根据光伏阵列和蓄电池容量的情况控制负载端的输出，所有功能都应由微处理器自动控制，还应能实时检测光伏发电系统的工作状态，实时采集光伏发电系统主要部件的状态数据并上传至控制中心，通过计算机分析，实时掌握设备的工作状态。若光伏发电系统工作状态发生异常，则应能发出故障报警信号，以便维护人员及时处理。

知识点 4　离网型光伏发电系统设计考虑的因素

1. 负载的特性和用电特点

离网型光伏发电系统设计的第一项工作是了解负载的特性和用电特点。负载特性从以下方面考虑：

（1）是直流负载还是交流负载，如是交流负载还要考虑逆变器的设计。

（2）是冲击性负载（如电动机、电冰箱等）还是非冲击性负载（如电热水器、直流电灯等），如是冲击性负载，在容量设计和设备选型时，应留有合理余量。

（3）从负载使用时间的角度考虑，仅在白天使用的负载，多数可以由光伏阵列直接供电，不需要考虑配备蓄电池；对于在晚上使用的负载，蓄电池的容量就是设计时应着重考虑的因素。

2. 光伏阵列的方位角和倾角

光伏阵列的方位角是阵列的垂直面与正南方向的夹角（设定向东偏为负角度，向西偏为正角度）。一般情况下，光伏阵列朝向正南（即阵列垂直面与正南的夹角为 0°）时，光伏阵列发电量是最大的。在偏离正南（北半球）30° 时，光伏阵列的发电量将减少 10%～15%；在偏离正南（北半球）60° 时，光伏阵列的发电量将减少 20%～30%。但是，在晴朗的夏天，太阳辐照量最大的时刻是中午稍后，因此应将光伏阵列的方位稍微向西偏一些，以便在午后时刻获得最大发电功率。不同的季节，光伏阵列的方位稍微向东或向西偏一些都有获得最大发电功率的时候。光伏阵列的设置场所会受到许多条件的制约，如果要将方位角调整到一天中负载峰值时刻与发电峰值时刻一致，可参考方位角=（24 小时制的一天中负载峰值时刻−12）×15+（经度数值−116）。方位角和高度角的关系如图 3−3 所示。

对于地球上的某个地点，太阳高度角是指太阳光的入射方向和地平面之间的夹角，从专业角度来讲，太阳高度角是指某地太阳光线与该地作垂直于地心的地表切线的夹角。倾角是光伏阵列平面与水平地面的夹角，如图 3−4 所示。光伏阵列接受太阳总辐照量达到最大值（即光伏阵列一年中发电量最大）时的倾角，称为最佳倾角。根据几何原理，欲使阳光垂直照射在光伏阵列上，则倾角应为 90°（高度角）。

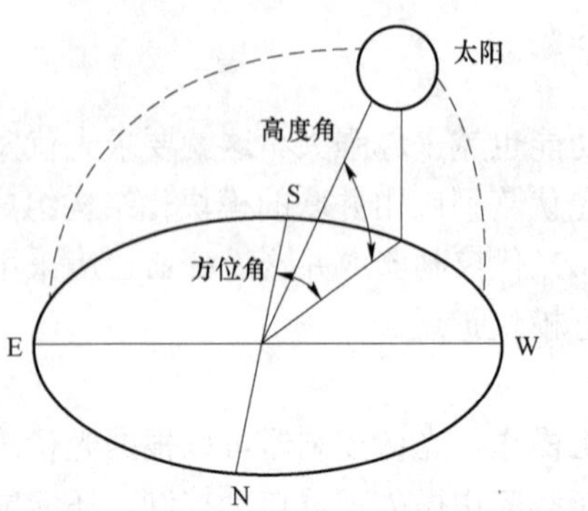

图 3−3　方位角和高度角的关系

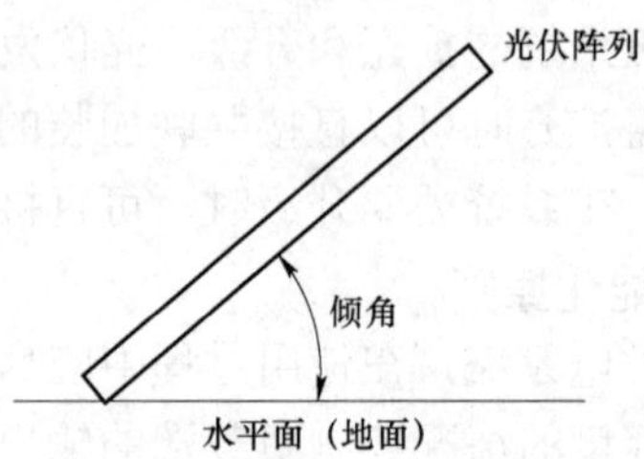

图 3−4　倾角

离网型光伏发电系统的最佳倾角按照可在最低辐射度月份让光伏阵列受到较大辐照量来选取。推荐让倾角在当地纬度的基础上再增加 5°～15°，纬度越高的地区，增加越多。可根据具体情况，如总体装机量、风压和雪压等因素，进行综合考虑或优化。

并网型光伏发电系统的光伏阵列最佳倾角按照使全年发电量（或辐照量）最优来选取。倾角等于当地纬度时，可基本使全年在光伏阵列表面上的太阳辐照量达到最大，因而全年发电量也最大。

光伏水泵系统的光伏阵列最佳倾角按照夏天发电量（或辐照量）最优来选取。倾角等于当地纬度减小 5°～15° 时可使在光伏阵列表面上的太阳辐照量达到最大，因而发电量也最大。

特殊情况：对于安装在屋顶上的光伏阵列，其倾角就等于屋顶的倾角；对于安装在建筑物正面的光伏阵列，其倾角等于90°。

以上所述为方位角、倾角与发电量之间的关系，具体在设计某一个光伏阵列的方位角和倾角时，还应进一步与实际情况结合起来综合考虑。

3. 阴影对发电量的影响

一般情况下，在计算发电量时，是在光伏阵列上完全没有阴影的前提下进行的。因此，如果光伏阵列不能被太阳光直接照射，那么就只有散射光用来发电，此时的发电量比无阴影时要减少10%～20%。针对这种情况，要对理论计算值进行校正。如果阴影影响长期存在，除了影响发电量外，产生的热斑效应达到一定程度后，光伏组件上的焊点可能熔化并毁坏栅线，从而导致整个光伏组件的报废。

光伏发电系统设计之初，就要特别考虑地势差异，如远处的山脉、树木或建筑物可能存在的阴影，以及前后光伏阵列的间距可能带来的阴影等。在系统安装时要特别注意设备选型，同等条件下可以关注逆变器最大功率点跟踪路数，争取最大程度减少阴影带来的影响。系统安装完成后，要定期巡视光伏阵列，清洁、清除其表面及周边的各类固定遮挡物，切莫忽视阴影带来的影响。

4. 最长连续阴雨天数

最长连续阴雨天数是指需要蓄电池向负载维持供电的最长天数，也称系统自给天数。在连续阴雨天气期间，光伏阵列几乎不能发电，只能靠蓄电池供电，因此，连续阴雨天数的长短直接影响蓄电池的容量的选择。在考虑蓄电池容量时，必须考虑第一个连续阴雨天使蓄电池放电后，还没有来得及补充，就迎来第二个连续阴雨天的情况，系统要保证在第二个连续阴雨天内仍可正常工作。确定最长连续阴雨天数的主要依据是光伏发电系统所在地区的光照数据、负载规模、负载类型以及用户对供电可靠性的要求等。气候条件是决定最长连续阴雨天数的主要因素，调查和分析当地气候条件是非常重要的。设计时，通常取年平均连续阴雨（或无日照）天数作为依据。确定最长连续阴雨天数需要考虑的其他因素还有系统的经济投入和成本。在连续阴雨天中，也不是在所有时间内均向系统的全部负载供电，在供电时间和供电对象上应有所选择，否则，蓄电池组的规模和投资将会大大增加。

对于非重要用户或带有风力发电机的风光互补系统，最长连续阴雨天数的选择范围为2～3天。对于没有备用电源的重要负载（如移动通信的设备电源），可定为5～7天。

5. 离网型光伏发电系统设计中光伏组件容量设计的基本思路

离网型光伏发电系统中光伏组件的设计原则：光伏组件的全年发电量要等于负载全年用电量。

因为天气条件有低于和高于平均值的情况，因此，设计光伏组件要满足光照最差、太阳能辐射量最小季节的需要。如果只按平均值去设计，势必造成全年光照最差季节蓄电池的连续亏电。蓄电池长时间处于亏电状态将造成蓄电池的极板硫酸盐化，使蓄电池的使用寿命缩短和性能受到很大影响，整个系统的后续运行费用也将大幅度增加。设计时也不能考虑为了给蓄电池尽可能快地充满电而将光伏组件设计得过大，这样在一年中的绝大部分时间里光伏组件的发电量会远远大于负载的用电量，造成光伏组件的浪费和系统整体成本的过高。因此，光伏组件设计的最好办法就是使光伏组件能基本满足光照最差季节的需要，使蓄电池在光照最差的季节也能够基本上天天充满电。

6. 光伏组件及光伏阵列的设计方法

光伏组件的设计需要满足负载年平均每日用电量的需求。所以，设计和计算光伏组件大小的基本方法就是用负载平均每天所需要的用电量为基本数据，以当地太阳能辐射资源参数如峰值日照时数、年辐射总量等数据为参照，并结合一些相关因素数据或系数综合计算而得出的。

（1）以峰值日照时数为依据的简易计算方法

$$\text{光伏组件功率}P=\frac{\text{负载功率}\times\text{用电时间}}{\text{当地峰值日照时数}}\times\text{损耗系数}$$

损耗系数主要有线路损耗、控制器接入损耗、光伏组件玻璃表面脏污及安装倾角不能兼顾冬季和夏季等因素，可根据需要在 1.6～2 之间选取。

（2）以年辐射总量为依据的计算方法

这是一个以年辐射总量为依据的计算公式，与上一个公式异曲同工。

$$\text{光伏组件功率}P=\frac{k\times(\text{负载工作电压}\times\text{负载工作电流}\times\text{用电时间})}{\text{当地年总辐射量}}$$

（3）以年辐射总量和斜面修正系数为依据的计算方法

这也是一个常用的简单计算公式，常用于独立光伏发电系统的快速设计与计算，也可以用于对其他计算方法的验算。其主要参照的太阳能辐射参数是当地年辐射总量和斜面修正系数。

根据各负载的额定功率和日平均工作时间，计算出总用电量：

$$\text{负载总用电量（Wh）}=\sum\text{负载额定功率}\times\text{日平均工作时间}$$

$$\text{光伏组件功率 }P=\frac{\text{系数 }5\,618\times\text{安全系数}\times\text{负载用电量}}{\text{斜面修正系数}\times\text{水平面平均辐射量}}$$

知识点5　光伏阵列

1. 光伏阵列的定义

光伏阵列，又称光伏方阵，是由若干块光伏组件，在机械和电气上按一定的串、并联方式组装在一起，并且由固定的支撑结构而构成的直流发电单元，如图 3-5 所示。组件需要根据系统电压及电流的要求，来决定串、并联的方式。应该将最佳工作电流相近的光伏组件串联在一起，目前光伏阵列中常用的是先串联后并联的连接方式。

图 3-5　光伏阵列

2. 热斑效应

当光伏组件或某一部分被鸟类、树叶、阴影覆盖的时候，被覆盖部分不仅不能发电，还会被当作负载消耗其他有光照的光伏组件的能量，引起局部发热，这就是“热斑效应”。这种效应会对光伏组件造成破坏，严重的可能会导致焊点熔化、封装材料破坏，甚至会使整个组件失效。

3. 旁路二极管

当光伏组件串联成光伏阵列时，需要在每个光伏组件两端都并联一个或数个二极管，称为旁路二极管。

当其中某个光伏组件被阴影遮挡或出现故障而停止发电时，在二极管两端可以形成正向偏压，实现电流的旁路，保护正常光伏组件的发电，同时也保护被遮挡光伏组件受到较高的正向偏压或由于“热斑效应”发热而损坏。内置 2 个旁路二极管的光伏组件接线盒如图 3-6 所示。

旁路二极管一般都直接安装在组件接线盒内，根据组件功率大小和组件的多少，安装 1～3 个二极管。当该组件被遮挡或有障碍时，组件将被全部旁路，如图 3-7 所示。采用 3 个二极管将光伏组件分段旁路，当该组件的某一部分有故障时，可以做到只旁路组件的 1/3，其余部分仍然可以正常工作。

图 3-6 内置 2 个旁路二极管的光伏组件接线盒

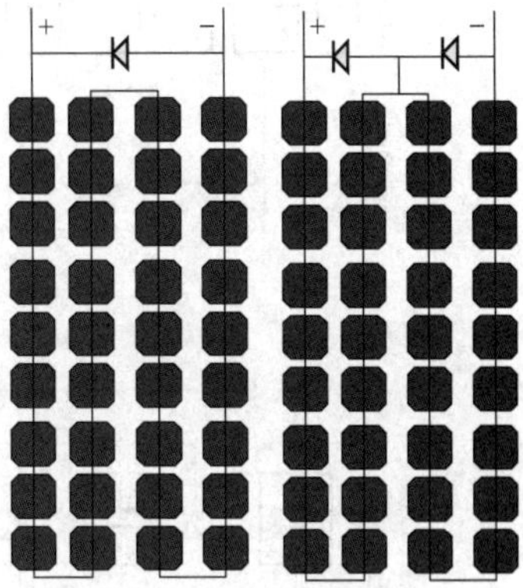

图 3-7 旁路二极管的接线

旁路二极管也不是任何场合都需要的，当组件单独使用或并联使用时，是不需要接旁路二极管的。对于组件串联数量不多且工作环境较好的场合，也可以考虑不用旁路二极管。

4. 防反充二极管

在光伏阵列和储能蓄电池或逆变器之间，常常需要串联一个防反充二极管，起单向导通的作用。在实际的系统设计中，如果能够保证直流母线不会向光伏阵列倒送电，也可以不配置防反充二极管。防反充二极管一般使用硅整流二极管，其管压降为 0.6～0.8 V。大容量硅整流二极管的管压降可达 1～2 V。当系统的电压较低（如直流 100 V 以下）时可以采用肖特基二极管，其管压降为 0.2～0.3 V，但耐压和电流容量相对较小，选用时要加以注意。

5. 光伏阵列电路

光伏阵列的基本电路由光伏组件串、旁路二极管、防反充二极管和带避雷器的直流接线箱等构成，常见电路形式有并联阵列电路、串联阵列电路和串并联混合阵列电路，如图 3-8 所示。

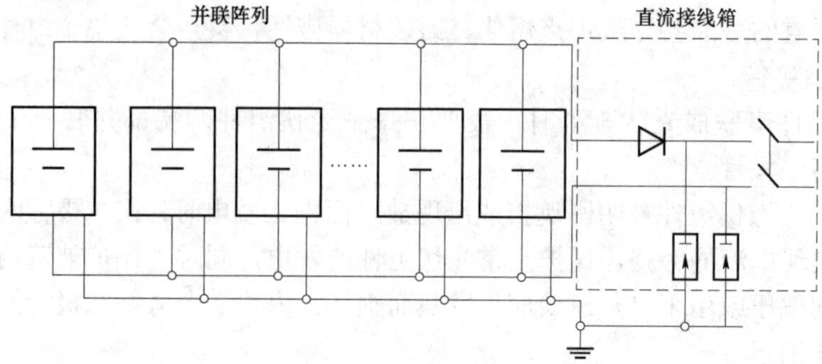

(a) 并联阵列电路

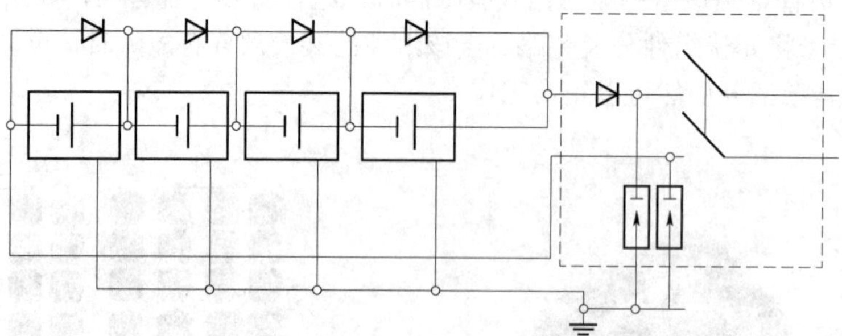

(b) 串联阵列电路

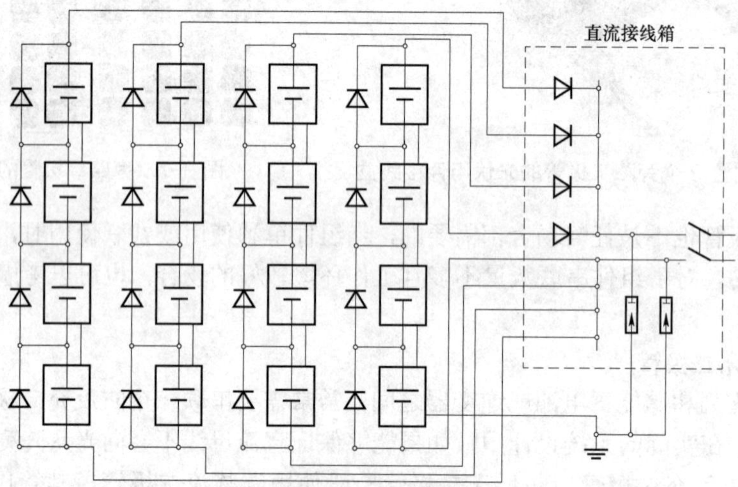

(c) 串并联混合阵列电路

图 3-8 光伏阵列基本电路

知识点 6 支架系统

讲解视频

1. 支架分类

光伏支架可以分为固定式、倾角可调式和自动跟踪式。

(1) 固定式支架

固定式支架安装完成后倾角和方位角不能调整。固定式支架的结构多样，较为常用的有桁架式、单排立柱等。

① 桁架式固定支架

桁架式固定支架为前后立柱形式，支架的主要零部件有前立柱、后立柱、横梁、斜支撑、导轨和后支撑等，如图 3–9 所示。这些部件一般采用 C 形钢来制作。在某些场合，也有使用铝合金材料来制作导轨的。桁架式固定支架受力形式明确、加工制作简单，适用于地形较为平坦的地区。

② 单排立柱固定支架

单排立柱固定支架只有一排基础，节省土建工程量，对地表的扰动相对桁架式支架要小，在国外应用较多。这种支架的主要零部件有立柱、斜支撑、横梁和导轨等，如图 3–10 所示。其中，立柱可以采用 C 形钢、H 形钢或方钢管等材料制作，斜支撑、横梁和导轨可以采用 C 形钢等材料制作。由于只有单排基础，因此这种支架对地形的适应能力比桁架式固定支架强。

图 3–9　桁架式固定支架

图 3–10　单排立柱固定支架

（2）倾角可调式支架

固定式支架的倾角是不可调节的，而倾角可调式支架的倾角则可以手动调节。为了使倾角可以调节，支架一般围绕某个轴旋转，旋转到某个预定的角度时，用螺栓等零件固定起来，如图 3–11 所示。倾角可调式支架一般按季度调节，倾角一般设为三挡，最大倾角按冬季（11 月至次年 1 月）接收到的总辐射量最大来确定，中间倾角按春季（2 月至 4 月）和秋季（8 月至 10 月）接收到的总辐射量最大来确定，最小倾角则按夏季（5 月至 7 月）接收到的总辐射量最大来确定。倾角可调式支架一般为单排立柱结构，为了便于倾角调整，单个支架可安装的光伏组件数量不能太多，通常安装的组件数量正好构成一个组串。

（3）自动跟踪支架

自动跟踪支架分为单轴跟踪支架和双轴跟踪支架。

① 单轴跟踪支架

单轴跟踪又分为平单轴跟踪支架、斜单轴跟踪支架和方位角单轴跟踪支架。

a. 平单轴跟踪支架

平单轴跟踪支架是指支架围绕一根水平方向的轴跟踪太阳旋转，这个水平轴可以是南北方向也可以是东西方向。轴向为南北方向时的发电量较大，因此平单轴跟踪支架的轴一般为南北方向。这种支架的最大特点是采用连杆将若干排支架连接起来，用单个电动推杆推动若干排支架同步旋转，如图 3–12 所示。

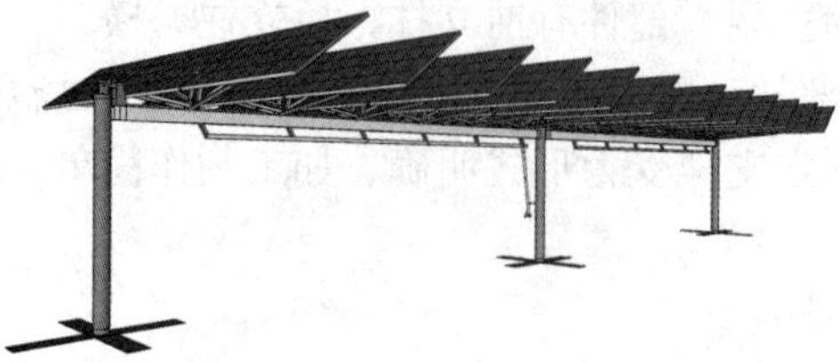

图 3-11　倾角可调式支架

图 3-12　平单轴跟踪支架

b. 斜单轴跟踪支架

追踪轴在东西方向转动的同时向南设置一定倾角，围绕该倾斜轴旋转追踪太阳方位角以获取更大的发电量，适合应用于较高纬度地区。斜单轴跟踪支架如图 3-13 所示。

(a)

(b)

图 3-13　斜单轴跟踪支架

c. 方位角单轴跟踪支架

方位角单轴跟踪支架可以看成是将一个固定式支架安装在一个旋转的基座上构成的，如图 3-14 所示。这种支架在跟踪时，阵列面与水平面的夹角保持不变，变化的是阵列面的方位角。

② 双轴跟踪支架

采用两根轴转动（立轴、水平轴）对太阳光线实时跟踪，以保证每一时刻太阳光线都与组件板面垂直，以此来获得最大的发电量，适合在各个纬度地区使用。双轴跟踪支架如图 3-15 所示。

图 3-14　方位角单轴跟踪支架

图 3-15　双轴跟踪支架

2. 安装角度设计

光伏组件的方位角与倾角选定是光伏发电系统设计时最重要的因素之一。

（1）光伏组件（阵列）的方位角

光伏组件的方位角一般都选择正南方向，以使光伏组件发电量最大。如果受光伏组件设置场所如屋顶、土坡、山地、建筑物结构及阴影等限制时，则应考虑与它们的方位角一致，以求充分利用现有的地形和有效面积，并尽量避开周围建筑物、构筑物或树木等产生的阴影。条件允许的话，应尽可能使太阳能发电量的峰值出现在中午稍后某时，这样有利于冬季多发电。有些光伏建筑一体化发电系统设计时，当正南方向光伏组件铺设面积不够大，也可将光伏组件铺设在正东、正西方向。

（2）光伏组件（阵列）的倾角

倾角是地平面（水平面）与光伏组件之间的夹角。倾角为 0° 时，表示光伏组件为水平设置；倾角为 90° 时，表示光伏组件为垂直设置。

最理想的光伏组件倾角是使光伏组件年发电量尽可能大，而冬季和夏季发电量差异尽可能小时的倾角。一般取当地纬度或当地纬度加上几度作为当地光伏组件安装的倾角。如果能够采用计算机辅助设计软件，进行太阳能倾角的优化计算，使两者能够兼顾就更好了，这对于高纬度地区尤为重要。

如果没有条件对倾角进行计算机优化设计，也可以根据当地纬度粗略确定光伏组件的倾角。

纬度为 0° ～25° 时，倾角等于纬度；

纬度为 26° ～40° 时，倾角等于纬度加上 5° ～10° ；

纬度为 41° ～55° 时，倾角等于纬度加上 10° ～15° ；

纬度为 55° 以上时，倾角等于纬度加上 15° ～20° 。

系统设计时要考虑冬天，按冬天能获得最大发电量的倾角确定，其倾角应该比当地纬度大一些。而对于主要为光伏水泵、制冷空调等夏季负载供电的光伏系统，则应考虑夏季提供最大发电量，其倾角应该比当地纬度小一些。

知识点 7　逆变器

讲解视频

将直流电转换成为交流电的过程被称为逆变，而实现逆变过程的装置为逆变器或逆变设备。太阳能光伏系统中使用的逆变器是一种将光伏电池所产生的直流电转换为交流电的转换装置。它使转换后的交流电的电压、频率与电力系统交流电的电压、频率相一致，以满足为各种交流用电装置、设备供电及并网发电的需要。图 3-16 所示为逆变器外形图。

光伏发电系统对逆变器的具体要求：合理的电路结构，严格的元器件筛选，具备各种保护功能；较宽的直流输入电压适应范围；较少的电能变换中间环节，以节约成本、提高效率；高转换效率；高可靠性，无人值守和维护；输出电压、电流满足电能质量要求，谐波含量小，功率因数高；具有一定的过载能力。

1. 逆变器的分类

（1）按输出交流电压的相数，逆变器可分为单相逆变器、三相逆变器。单相逆变器主要用于中小型的UPS系统，三相逆变器主要应用于大中型的UPS系统。

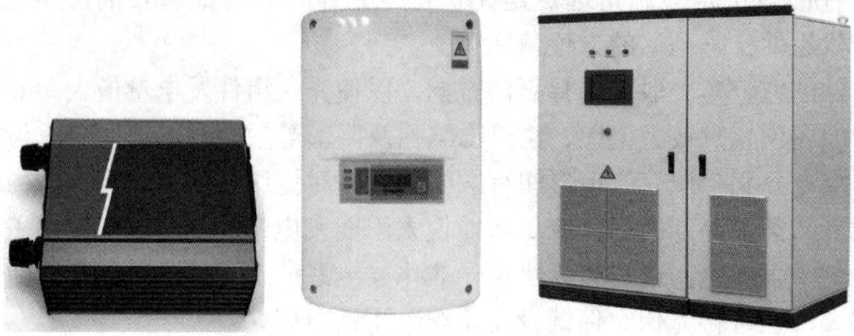

(a)　　(b)　　(c)

图3–16　逆变器外形图

（2）按输出电能的去向，逆变器可分为有源逆变器和无源逆变器。逆变电路的交流侧接到交流电网上，把直流电逆变成同频率的交流电输送到电网去，称为有源逆变器；逆变器的交流侧不与电网连接，而是直接接到负载，即将直流电逆变成某一频率或可变频率的交流电供给负载，称为无源逆变器。

（3）按输出电压波形的不同，逆变器可分为方波逆变器、阶梯波逆变器和正弦波逆变器，方波和阶梯波逆变器一般都用在小功率场合。在大中型的UPS系统中，为了消除方波电压的谐波分量，则采用正弦波逆变器。

① 方波逆变器

优点：线路简单，价格便宜，维修方便。

缺点：方波电压中含有大量的高次谐波，产生较大附加损耗，干扰通信设备，调压范围不够宽，噪声较大等。

② 阶梯波逆变器

优点：输出波形比方波有明显改善，高次谐波含量少。

缺点：电路中使用的功率开关较多，对通信设备仍然存在一些高频干扰。

③ 正弦波逆变器

优点：输出波形好，失真度低，对通信设备干扰小，噪声低，效率高。

缺点：线路相对复杂，维修技术要求高，价格昂贵。

（4）按输出功率大小的不同，逆变器可分为小功率逆变器（＜5 kW）、中功率逆变器（5～50 kW）、大功率逆变器（＞50 kW）。

（5）在光伏发电系统中，还可将逆变器分为离网型逆变器和并网型逆变器。

① 离网型逆变器

离网型逆变器用于边远地区的村庄供电系统、太阳能户用电源系统、通信信号电源、太阳能路灯等带有蓄电池的离网型发电系统。

② 并网型逆变器

并网发电系统是与电网相连并向电网输送电能的光伏发电系统。通过光伏组件将接收来的太阳辐射能量经过高频直流转换后变成高压直流电，经过逆变器逆变转换后向电网输出与电网电压同频、同相的正弦交流电流。

（6）按照容量大小，逆变器可分为组串式逆变器和集中式逆变器。

① 组串式逆变器

组串式逆变器具有不需要汇流箱、安装方便、便于维护等优点，近年来逐步被很多人关注。组串式逆变器的功率范围为 3～130 kW，可用于大型电站和住宅型屋顶，以及一些小型商业屋顶。图 3-17 所示为常用的组串式太阳能电池专用逆变器。

② 集中式逆变器

主要特点是单机功率大、最大功率点跟踪（MPPT）数量少、每瓦成本低。集中式逆变器是目前大部分中大型光伏电站的首选，在全球 6 MW 以上的光伏电站中，其选用比例超过 98%。集中式逆变器如图 3-18 所示。

图 3-17　组串式太阳能电池专用逆变器

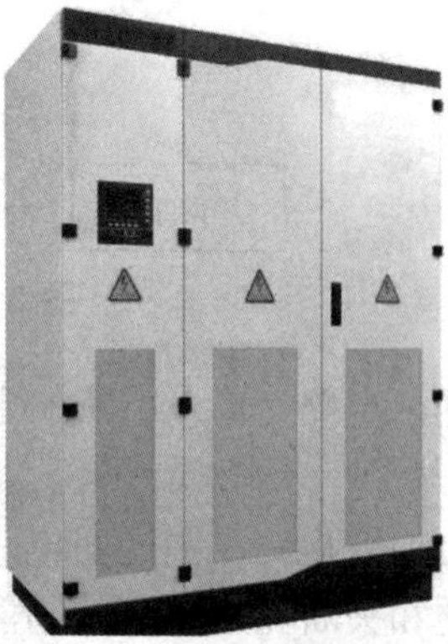

图 3-18　集中式逆变器

集中式逆变器安装数量少，便于管理，电网接入友好，后期维护少，适用于大型地面、沙漠电站；组串式逆变器接线灵活，效率较高，安装方便，适用于中小型、分布式及建筑一体化等系统。

各类逆变器适用范围见表 3-1。

表 3-1　组串式和集中式逆变器使用范围对比表

系统容量	逆变器选择	选择说明
500 kW 以下	组串式逆变器	500 kW 以下系统，组串式逆变器与集中式逆变器成本相差不大，但组串式逆变器发电量能提高 5%～10%
2 MW	组串式逆变器	这个容量区间的系统，选用组串式逆变器比集中式逆变器成本高 5%，但组串式逆变器发电量要高 5%～10%，系统总体收益好
2～6 MW	日照均匀的地面电站用集中式逆变器，屋顶类等用组串式逆变器	根据实际安装场地选择
6 MW 以上	集中式逆变器	集中式逆变器能更好地适应电网的要求

2. 逆变器的结构

逆变器主要由半导体功率器件和逆变器驱动、控制电路组成，随着微电子技术与电力电子技术的发展，新型大功率半导体开关器件和驱动控制电路的出现，促进了逆变器的快速发展和技术完善，目前的逆变器多采用功率场效应晶体管（VMOSFET）、绝缘栅双极晶体管（IGBT）、场控晶闸管（MCT）、静电感应晶闸管（SITH）以及智能功率模块（IPM）等多种先进且易于控制的大功率器件，控制逆变驱动的电路也从模拟集成电路发展到单片机控制，甚至采用数字信号处理器（DSP）控制，使逆变器向着系统化、节能化、全控化和多功能化方向发展。

逆变器的基本电路由输入电路、输出电路、主逆变电路、控制电路、辅助电路和保护电路等构成，如图 3-19 所示。

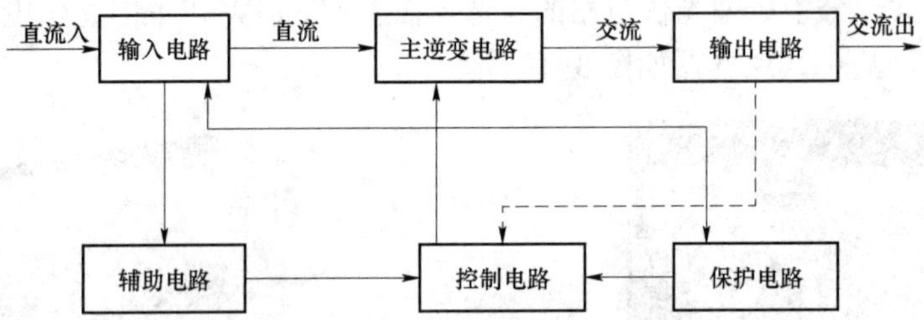

图 3-19　逆变器基本电路结构图

（1）输入电路。输入电路的主要作用就是为主逆变电路提供可确保其正常工作的直流工作电压。

（2）主逆变电路。主逆变电路是逆变电路的核心，它的主要作用是通过半导体开关器件的导通和关断完成逆变的功能。逆变电路分为隔离式和非隔离式两大类。

（3）输出电路。输出电路主要是对主逆变电路输出的交流电的波形、频率、电压、电流的幅值相位等进行修正、补偿、调理，使之能满足使用需求。

（4）控制电路。控制电路主要是为主逆变电路提供一系列的控制脉冲来控制逆变开关器件的导通与关断，配合主逆变电路完成逆变功能。

（5）辅助电路。辅助电路主要是将输入电压变换成适合控制电路工作的直流电压。辅助电路还包含了多种检测电路。

（6）保护电路。保护电路主要包括：输入过压、欠压保护，输出过压、欠压保护，过载保护，过流和短路保护，过热保护等。

3. 逆变器的工作原理

以单相桥式逆变电路为例说明逆变器最基本的工作原理。单相桥式逆变电路的基本结构如图 3-20（a）所示，K_1～K_4 是桥式电路的四个臂，由电力电子器件（半导体功率器件）及辅助电路组成。R 为逆变器的负载。设在 0～$T/2$ 期间 K_1、K_3 导通，K_2、K_4 断开；在 $T/2$～T 期间 K_1、K_3 断开，K_2、K_4 导通。如此周期性重复上述过程，则在负载 R 上得到一交流方波电压，从而实现了将直流电压转换成交流电压。

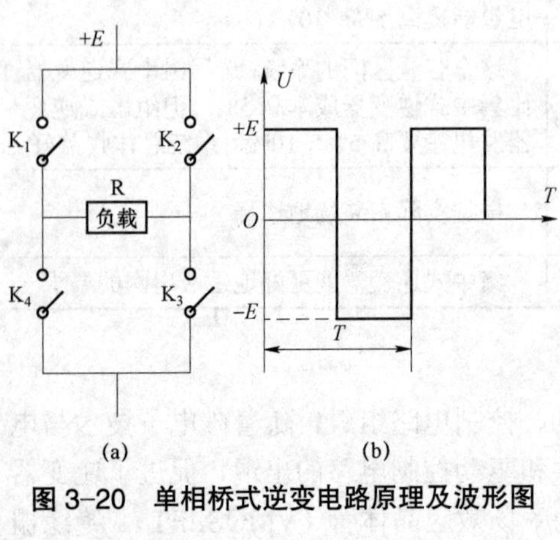

图 3-20　单相桥式逆变电路原理及波形图

逆变器的基本电路可分为推挽式、半桥式和全桥式三种，虽然电路结构不同，但工作原理类似。电路中都使用具有开关特性的半导体功率器件，由控制电路周期性地对功率器件发出开关脉冲控制信号，控制各个功率器件轮流导通和断开，再经过变压器耦合升压或降压，整形滤波输出符合要求的交流电。

（1）推挽式逆变电路

如图 3–21 所示，单相推挽式逆变器电路由 2 只共负极功率开关和 1 个升压变压器组成。若输出端接阻性负载时，当 $T_1 \leqslant T \leqslant T_2$ 时，VF_1 功率管加上栅极驱动信号 U_1，VF_1 导通，VF_2 截止，变压器输出端输出正电压；当 $T_3 \leqslant T \leqslant T_4$ 时，VF_2 功率管加上栅极驱动信号 U_2，VF_2 导通，VF_1 截止，变压器输出端输出负电压。因此变压输出电压 Uo 为方波。

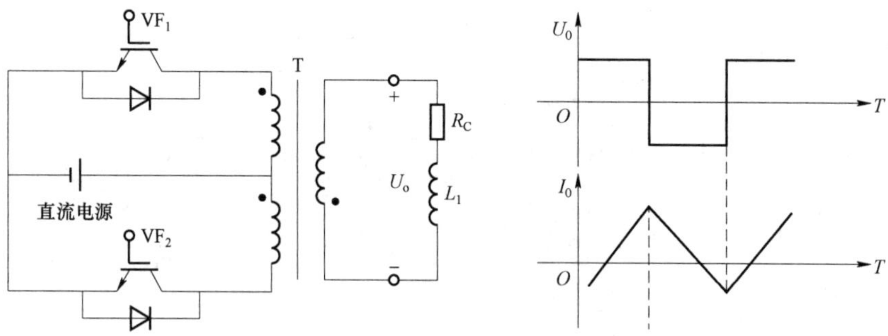

图 3–21　单向推挽式逆变电路原理及波形图

（2）半桥式逆变电路

半桥式逆变电路原理如图 3–22 所示。该电路由两只功率开关管、两只储能电容器和耦合变压器等组成。该电路将两只串联电容的中点作为参考点，当功率开关管 VF_1 在控制电路的作用下导通时，电容 C_1 上的能量通过变压器初级释放；当功率开关管 VF_2 导通时，电容 C_2 上的能量通过变压器初级释放，VF_1 和 VF_2 的轮流导通，在变压器次级获得了交流电能。半桥式逆变电路结构简单，由于两只串联电容的作用，不会产生磁偏或直流分量，非常适合后级带动变压器负载。当该电路工作在工频（50 Hz 或 60 Hz）时，需要较大的电容容量，使电路的成本上升，因此该电路更适合用于高频逆变器电路中。

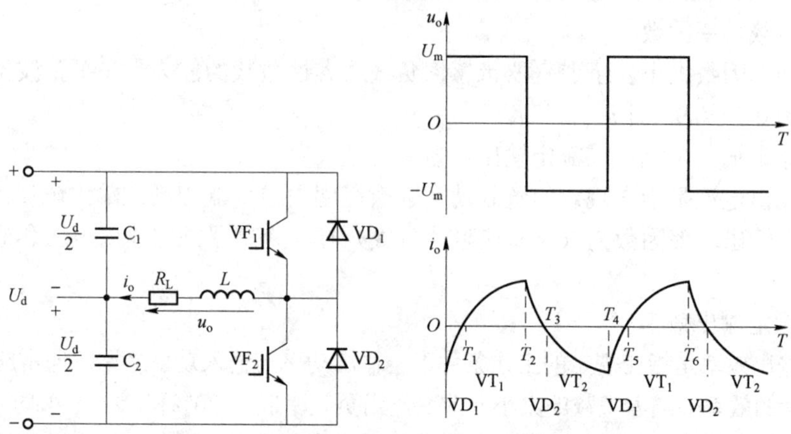

图 3–22　半桥式逆变电路原理及波形图

（3）全桥式逆变电路

如图 3-23 所示，单相全桥式逆变电路由直流电源 U_d、四个功率开关器件和二极管组成。VF_1 和 VF_3 构成一对桥臂，VF_2 和 VF_4 构成一对桥臂。VF_1、VF_3 与 VF_2、VF_4 的驱动信号互补，即 VF_1 和 V_3 有驱动信号时，VF_2 和 VF_4 无驱动信号，反之亦然，VF_1、VF_3 和 VF_2、VF_4 各交替导通 180°。二极管 VD_1～VD_4 是为感性负载续流的。如果在电路中不接入二极管，则在开关管关断瞬间，会因电感的作用使其两端呈现极高的电压尖峰，严重时会击穿开关管。

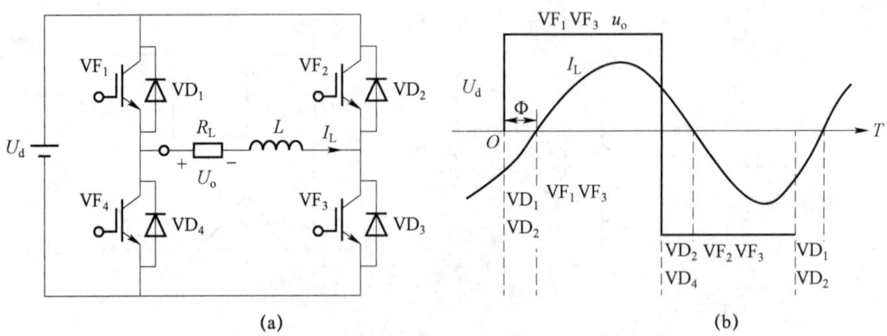

图 3-23　全桥式逆变电路原理及波形图

4. 逆变器主要技术参数

（1）额定输出电压

光伏逆变器在规定的输入直流电压允许的波动范围内，应能输出额定的电压值，一般在额定输出电压为单相 220 V 和三相 380 V 时，电压波动偏差有如下规定。

① 在稳定状态运行时，一般要求电压波动偏差不超过额定值的±3%或±5%。

② 在负载突变时，电压偏差不超过额定值的±8%或±10%。

③ 在正常工作条件下，逆变器输出的三相电压不平衡度不应超过一个规定值，一般以%表示。

④ 输出的电压波形失真度一般要求不超过 5%。

（2）负载功率因数

负载功率因数大小表示逆变器带感性负载或容性负载的能力，在正弦波条件下负载功率因数为 0.7～0.9（滞后）。

（3）额定输出电流（或额定输出容量）

额定输出电流是指在规定的负载功率因数范围内逆变器的额定输出电流；额定输出容量是指当输出功率因数为 1（即纯阻性负载）时，逆变器额定输出电压和额定输出电流的乘积。

（4）额定输出效率

额定输出效率是指在规定的工作条件下，输出功率与输入功率之比，通常应在 70%以上。逆变器的效率会随着负载的大小而改变，当负载率低于 20%和高于 80%时，效率要低一些。标准规定逆变器的输出功率在大于等于额定功率的 75%时，效率应大于等于 80%。

（5）过载能力

过载能力是要求逆变器在特定的输出功率条件下能持续工作一定的时间，其标准规定如下。

① 输入电压与输出功率为额定值时，逆变器应连续可靠工作 4 h 以上。

② 输入电压与输出功率为额定值的 125%时，逆变器应连续可靠工作 1 min 以上。

③ 输入电压与输出功率为额定值的 150%时，逆变器应连续可靠工作 10 s 以上。

（6）额定直流输入电压

额定直流输入电压是指光伏发电系统中输入逆变器的直流电压，小功率逆变器输入电压一般为 12 V 和 24 V，中、大功率逆变器电压有 24 V、48 V、110 V、220 V 和 500 V 等。

（7）额定直流输入电流

额定直流输入电流是指光伏发电系统为逆变器提供的额定直流工作电流。

（8）直流电压输入范围

光伏逆变器直流输入电压允许在额定直流输入电压的 90%～120%范围内变化，而不影响输出电压的变化。

（9）电磁干扰和噪声

逆变器中的开关电路极易产生电磁干扰，在铁芯变压器上因振动而产生噪声。因而在设计和制造中都必须控制电磁干扰和噪声指标，使之满足有关标准和用户的要求。其噪声要求是，当输入电压为额定值时，在设备高度的 1/2、正面距离为 3 m 处用声级计分别测量 50%定负载和满载时的噪声应小于等于 65 dB。

5. 逆变器的选型

离网逆变器选型时，一般根据系统设计确定的直流电压来选择逆变器的直流输入电压，根据负载的总功率和类型确定逆变器的容量和相数，再考虑负载的瞬时冲击决定逆变器的功率裕量。通常逆变器的持续功率要大于负载的功率，逆变器的最大冲击功率要大于负载的起动功率。此外，在逆变器选型时，还要考虑为光伏发电系统扩容留有一定余地。

离网型光伏发电系统中，如需为交流负载供电，则必须配备逆变器；如负载仅为直流负载，则无须配备逆变器；如直流负载的电压与蓄电池组电压不一致，则需配备直流变换器，凡需将直流电转换成交流电时，都要配备逆变器，因此逆变器本身用途十分广泛。然而离网型光伏发电系统中带动交流负载的逆变器有如下一些特定要求。

（1）运行范围内（既包括满负载，也包括轻负载）逆变效率要高。

（2）运行安全、可靠。

（3）可适应光伏发电系统蓄电池直流电压较宽的变化。

（4）耐瞬时大电流冲击，可长时间连续逆变使用。

（5）带感性负载的逆变器，要求交流输出的高次谐波分量小。

（6）性价比较好。

逆变器是离网型光伏发电系统最后一级装置，也是系统中投资占比较高的关键配套装置，其性能的好坏直接影响系统的投资高低、使用性能和可靠性。因此，针对不同的应用系统，选配合适的逆变器也是设计使用者的一项重要工作。

3.1.4　任务实施

1. 系统方案设计

在设计光伏发电系统时，应当根据负载的要求和当地太阳能资源及气象地理条件进行综合考虑。在充分满足用户负载用电需要的条件下，尽量减少光伏组件和蓄电池的容量，以达到可靠性和经济性的最佳结合。

2. 设计依据与基本原则

（1）用电需求分析

在设计光伏发电系统和进行系统设备的配置、选型之前，要充分了解用电负载的特性。确定负载是单相电还是三相电，是直流电还是交流电，负载是感性还是阻性，以及负载总功率、用电同时率和工作时间。

当光伏发电系统要为多路不同的负载供电时，就需要先对各路负载的日耗电量进行计算并统计总耗电量，然后以当地峰值日照时数为参数进行计算。统计总耗电量时要对临时负荷的接入及预期负荷的增长有预测，留出 5%～10%的余量。经调研，本项目负载功率为 2.5 kW，均为电阻性负载。

（2）当地气象地理条件

不论是并网型光伏发电系统，还是离网型光伏发电系统，设计之前最基本的工作之一就是了解当地的相关气象地理数据。

本项目工程地点位于东经 105°51'～106°35'，北纬 37°39'～38°53'，年均太阳总辐照量可达 5 040～6 102 MJ/m^2，年日照时数为 2 284～2 495 h。

（3）确定工作电压

在离网型光伏发电系统中，系统电压的选择应根据负载的要求而定。负载电压要求越高，系统电压也应尽量高。当系统中没有 12 V 直流负载时，系统电压最好选择 24 V、48 V 或以上，这样可以使系统直流电路部分的电流变小。系统电压越高，系统电流就越小，从而可以使系统及线路损耗变小。本项目本系统电压为 48 V。

（4）光伏阵列容量计算和组件选型

根据总耗电量，利用公式计算出光伏阵列需要提供的发电电流：

$$\text{光伏阵列发电电流}=\frac{\text{负载日耗电量（Wh）}}{\text{系统直流电压}\times\text{峰值日照时数（h）}\times\text{系统效率}}$$

其中系统效率系数包括：蓄电池的充电效率，一般取 0.9；交流逆变器的转换效率，一般取 0.85；光伏组件功率衰降、线路损耗、尘埃遮挡等的综合系数，一般取 0.9。这些系数可以根据实际情况进行调整。

根据光伏组件（阵列）的发电电流，用下列公式计算其总功率：

$$\text{光伏阵列总功率 } P=\text{阵列发电电流}\times\text{系统直流电压}\times\text{系数 } 1.43$$

式中，系数 1.43 是光伏组件峰值工作电压与系统工作电压的比值。

根据本项目日耗电量，考虑增加 5%的预期负载余量，并确定使用系统工作电压为 48 V 的逆变器，按照该地峰值日照时数 4.5 h 计算，代入公式

$$\text{方阵发电电流}=\frac{2\,500\times3.5\times1.05}{48\times4.5\times0.9\times0.85\times0.9}=61.78\text{ A}$$

计算光伏阵列的总功率 P：

$$P=61.78\times48\times1.43=4\,240.58\text{ W}$$

本项目选择某品牌 LR6-60-285 M 组件，该组件外形如图 3-24 所示。

产品正面　　　　产品背面

图 3-24　光伏组件外形图

该型号光伏组件参数如表 3-2 所示。

表 3-2　某品牌 LR6-60-285 M 组件参数

电性能参数	组件型号	285M
	测试条件	STC　NOCT
	最大功率（P_{max}/W）	285　209.5
	开路电压（U_{oc}/V）	38.6　35.7
	短路电流（I_{sc}/A）	9.59　7.73
	峰值功率电压（U_{mp}/V）	31.5　28.9
	峰值功率电流（I_{mp}/A）	9.05　7.24
	组件效率（%）	17.4
工作参数	工作温度	−40～+85 ℃
	功率公差	0～+5 W
	最大系统电压	DC1 000 V（IEC）/DC1 500 V（IEC）
	最大保险丝额定电流	15 A
	标称工作温度	45±2 ℃
	组件应用等级	Class A
温度系数（STC 测试）	短路电流 I_{sc}	+0.069%/℃
	开路电压（U_{oc}）	−0.33%/℃
	峰值功率（P_{max}）	−0.41%/℃
负载能力	正面静态载荷（如雪）	5 400 Pa
	背面静态载荷（如风）	2 400 Pa
	通过冰雹测试	直径 25 mm，冲击速度 23 m/s

系统工作电压确定为 48 V，系统的组件串联数=系统工作电压×1.43/组件的峰值电压，代入公式计算，可得系统的组件串联数=$\dfrac{48\ \text{V}\times 1.43}{31.5\ \text{V}}=2.17\approx 3$，选择 3 块组件串联，每串组件电压为 94.5 V，功率为 855 W。

系统的组件并联数=系统总功率/每串光伏组件功率，代入数据计算得：

4 240.58 W/ 855 W= 4.96，所以并联数目应该选择 5 个。

实际系统总功率=并联数×串联数×单块电池组件功率，计算得：5×3×285 W=4 275 W。实际配置为 285 W 单晶硅组件 15 块，光伏阵列容量 4.275 kW。

（5）蓄电池容量的计算和选型

蓄电池容量的设计原则是保证在太阳光照连续低于平均值的情况下负载仍可以正常工作。蓄电池容量设计时需要引入一个不可缺少的参数——自给天数，在设计中常取最长连续阴雨天数 3～5 天；负载对电源要求很严格的光伏发电系统，在设计中常取最长连续阴雨天数 7～14 天。

蓄电池容量的计算公式为

$$蓄电池容量=\frac{负载日耗电量（Wh）}{系统直流电压（V）}\times\frac{连续阴雨天数}{逆变器效率\times蓄电池放电深度}$$

式中，逆变器效率可根据设备选型在 80%～93%之间选择，蓄电池放电深度可根据其性能参数和可靠性要求等在 50%～75%之间选择。

根据计算出的光伏组件或光伏阵列的电流、电压、总功率和蓄电池组容量等参数，参照电池组件和蓄电池生产厂家提供的规格尺寸和技术参数，结合光伏组件（阵列）设置安装位置的实际情况，可以确定构成阵列所需电池组件的规格尺寸和构成蓄电池组的容量及串联、并联块数。

该地区连续阴雨天数为 2 天，选择深循环放电蓄电池，蓄电池放电深度为 80%。代入公式计算：

$$蓄电池容量=\frac{2\,500\times3.5}{48}\times\frac{2}{0.85\times0.8}=536.15\text{Ah}$$

本着尽量减少串、并联的原则，根据计算可以选择 12 V/300 Ah 的阀控密封式铅酸蓄电池 2 块并联、4 块串联这一系统要求，总电压 48 V，总容量 600 Ah。

（6）光伏控制器的选型

光伏控制器的额定电压取值为 48 V。总的输入电流为 4.2 kW/48 V=87.5 A；又因负载功率为 2.5 kW，则输出电流 52 A。综上考虑，留有一定的冗余量，选择 48 V/100 A 光伏控制器。

（7）离网逆变器的选型

为降低成本，选择双向离网逆变器，当蓄电池耗尽时，由市电对负载供电，同时对蓄电池充电，逆变器选择某品牌 XTM4000-48 型，其具有市电互补输出功能，具体参数如表 3-3 所示。

表 3-3　XTM4000-48 逆变器参数

技术参数	参考值
额定蓄电池电压	48 V
输入电压范围	38～48 V
持续功率（25 ℃）	3 500 VA
30 min 功率（25 ℃）	4 000 VA
最大负载	高达短路

续表

技术参数	参考值
功耗（关闭/待机/打开）	1.8 W/2.1 W/14 W
输出电压	正弦波 230（1+2%）V
输出频率	可调 45～60（1±5%）Hz（晶体控制）
谐波畸变	＜2%
交流输入电压范围	150～265 V

（8）光伏阵列支架倾斜角的选择

本项目所在地为宁夏回族自治区银川市，根据当地经纬度，可由软件计算出最佳倾角为 28°～35°。综合考虑风压对支架的影响，同时减少占地面积，确定安装倾角为 30°。

3.1.5　任务实施单

任务名称	4 kW 离网型光伏发电系统的设计	完成时长	
班级		组别	
学号		姓名	
任务要求	完成本项目离网型光伏发电系统的设计工作		
实施过程记录			
任务实施总结			

3.1.6　任务验收单

任务名称	4 kW 离网型光伏发电系统的设计		验收时间	
班级			组别	
学号			姓名	
任务要求	完成本项目离网型光伏发电系统的设计工作			
验收要点	序号	验收内容		验收结果
	1	正确设计离网型光伏发电系统的光伏组件容量		
	2	完成离网型光伏发电系统的光伏组件的选型		
	3	正确设计离网型光伏发电系统的控制器参数		
	4	完成离网型光伏发电系统的控制器的选型		
	5	正确设计离网型光伏发电系统的蓄电池参数		
	6	完成离网型光伏发电系统的蓄电池的选型		
验收结果				

3.1.7　任务评价单

学生自我评价单

项目 3	4 kW 离网型光伏发电系统	任务 3.1	4 kW 离网型光伏发电系统的设计		
评价项目		8≤优≤10（分）	6≤良＜8（分）	4≤中＜6（分）	2＜差＜4（分）
1. 学习态度是否主动，能否及时完成教师布置的各项任务					
2. 是否完整地记录探究活动的过程，收集的有关信息和资料是否完整					
3. 能否根据学习资料对任务进行合理分析，并对所制定的方案进行可行性分析					
4. 是否能够完全领会教师的授课内容，并快速掌握技能					
5. 是否积极参与各种讨论，并能清晰地表达自己的观点					
6. 能否独立或合作完成任务					
7. 对出现的问题是否能主动思考，并使用现有知识进行解决，以及知道自己在某些知识方面的不足之处					
8. 是否通过任务训练达到学习目标					
9. 是否有安全、环保意识与团队合作意识					
10. 工作过程中是否能保持整洁、有序、规范的工作环境					
姓名		日期		总评	
任务总结					

学生互评单

项目 3	4 kW 离网型光伏发电系统	任务 3.1	4 kW 离网型光伏发电系统的设计
评价项目		评分	
1. 在组队中是否称职，能否按计划完成团队任务（20 分）			
2. 能否主动思考并解决问题（20 分）			
3. 是否完成任务（20 分）			
4. 是否有团队合作意识（20 分）			
5. 是否积极参与各种讨论，并能清晰地表达自己的观点（20 分）			
评价人		合计	
改进建议			

教师评价单

考核点	标准（分）	得分
任务方案准备与计划	20	
实施操作及团队协作	20	
知识和技能掌握情况	20	
数据记录与分析	20	
任务汇报与总结	20	
合计	100	

任务评价单

<table>
<tr><td rowspan="2">项目 3</td><td rowspan="2">4 kW 离网型光伏发电系统</td><td>学生自评</td><td>学生互评</td><td>教师评分</td><td rowspan="2">总分</td></tr>
<tr><td>30%</td><td>30%</td><td>40%</td></tr>
<tr><td>任务 3.1</td><td>4 kW 离网型光伏发电系统的设计</td><td></td><td></td><td></td><td></td></tr>
</table>

3.1.8　自我评测

1. 什么叫逆变？光伏发电系统中为什么要使用光伏逆变器？
2. 简述逆变电路的工作原理。
3. 简述离网型光伏发电系统的结构特点。

课后习题

任务 3.2　4 kW 离网型光伏发电系统的安装

学习目标

1. 知识目标

（1）掌握光伏阵列支架的施工方法。
（2）掌握光伏组件的安装方法。
（3）掌握逆变器的安装方法。

2. 能力目标

（1）能完成光伏阵列支架的安装。
（2）能完成光伏组件的安装。
（3）能完成逆变器的安装。

3. 素养目标

（1）树立质量与成本意识。
（2）培养实事求是、精益求精的精神。

（3）培育正确的劳动价值观、积极的劳动精神和良好的劳动品质。

3.2.1 任务引入

现需在宁夏回族自治区银川市某地建设一个离网型光伏发电系统，该地年总辐照量可达5 040～6 102 MJ/m^2，年日照时数为 2 284～2 495 h。该离网型光伏发电系统工作电压为直流48 V，负载功率为2.5 kW，负载工作电压为单相交流220 V，平均每天用电时间为3.5 h，连续阴雨天气下连续工作时间为2 天，光伏组件阵列面峰值日照时数取4.5 h，光伏阵列水平方位角选择正南方向。请按照设计方案完成该项目的光伏发电系统相关施工和安装工作。在本任务中将安排重点完成光伏组件及其支架的施工与安装、逆变器的安装这两部分工作。

3.2.2 任务工单

<table>
<tr><td>任务名称</td><td>4 kW离网型光伏发电系统的安装</td><td>指导教师</td><td></td></tr>
<tr><td>班级</td><td></td><td>组别</td><td></td></tr>
<tr><td>学号</td><td></td><td>姓名</td><td></td></tr>
<tr><td>任务描述</td><td colspan="3">现需在宁夏回族自治区银川市某地建设一个离网型光伏发电系统，该地年总辐照量可达5 040～6 102 MJ/m^2，年日照时数为2 284～2 495 h。该离网型光伏发电系统工作电压为直流48 V，负载功率为2.5 kW，负载工作电压为单相交流220 V，平均每天用电时间为3.5 h，连续阴雨天气下连续工作时间为2 天，光伏组件阵列面峰值日照时数取 4.5 h，光伏阵列水平方位角选择正南方向。请按照设计方案完成该项目的光伏发电系统相关施工和安装工作</td></tr>
<tr><td>材料清单</td><td colspan="3">设备：光伏电站建设实训设备
工具：扳手、万用表、剥线钳、压线钳等
耗材：导线等</td></tr>
<tr><td>知识点</td><td colspan="3">1. 光伏支架的安装内容和注意事项
2. 光伏组件的安装内容和注意事项
3. 逆变器的安装内容和注意事项</td></tr>
<tr><td>技能点</td><td colspan="3">1. 使用相关工具进行光伏支架的安装
2. 使用相关工具进行光伏组件的安装
3. 使用相关工具进行逆变器的安装</td></tr>
</table>

3.2.3 知识点链接库

知识点1 光伏支架的安装

1. 光伏支架的安装要求

（1）支架的运输与保管要求

① 在吊、运过程中应做好防覆、防震和防护面受损等安全措施。必要时可将装置性设备和易损元件拆下单独包装运输。当产品有特殊要求时，还应符合产品技术文件的规定。

② 设备到场后应做检查

a. 开箱检查，型号、规格应符合设计要求，附件、备件应齐全。

b. 产品的技术文件应齐全。

c. 外观检查应完好无损。

d. 保管期间应定期检查，做好防护工作。

③ 安装人员应经过相关安装知识及技术培训。

④ 光伏发电站施工中间交接验收应符合要求。

a. 光伏发电站施工中间交接项目包括支架基础、设备基础二次灌浆等。

b. 土建交付安装项目时，应由土建专业填写“中间交接验收签证书”，并提供相关技术资料，交安装专业查验。

c. 中间交接项目应通过质量验收，对不符合移交条件的项目，由移交单位负责整改至合格。

（2）支架零部件及支架基础的检查

① 支架安装前应按 20%的比例进行抽样，并根据图纸检查支架零部件的尺寸，确保符合设计要求。检查是否变形，如果出现变形应及时校正，无法校正者应进行更换。不允许有倒刺和毛边现象。所有零部件均应按图纸设计要求进行表面防腐处理，保证不生锈、不被腐蚀。

② 按设计要求检查支架基础平面位置、几何尺寸、轴线、标高、基础安装面平整度、预埋螺栓、基础混凝土强度、桩基试验等是否符合设计，以满足安装要求。办理完成交验手续，进场施工。如基础施工与设计要求偏差较大，应先进行基础的纠偏，合格后再进行支架的安装。

2. 光伏支架的安装流程

光伏支架由后立柱、前立柱、横梁、斜撑、斜梁、背后拉杆、连接件等组成，采用螺栓连接组成构架；光伏组件采用压块与支架横梁连接，形成一个组单元整体。

工艺流程：作业准备→支架基础复测→安装样板→预拼装支架（包括后立柱、前立柱、斜撑、纵梁、连接件等）→支架安装→前后横梁安装→立柱斜杆安装→检查调整→组件安装→检查调整。安装完成的光伏支架如图 3-25 所示。

图 3-25　安装完成的光伏支架

3. 质量标准

（1）支架构件的材质、连接螺栓等必须符合设计及规范的要求。检查材料出场合格证、检验报告单。

（2）支架构件及整体安装标准规范，横平竖直、整齐美观；螺栓紧固可靠，满足设计规范要求。

（3）固定及手动可调支架安装的允许偏差如表 3-4 所示。

表 3-4　固定及手动可调支架安装的允许偏差

项目	允许偏差（mm）
中心线偏差	≤2
垂直度（每米）	≤1

续表

项目	允许偏差（mm）	
水平偏差	相邻横梁间	≤1
	东西向全长（相同标高）	≤10
立柱面偏差	相邻立柱间	≤1
	东西向全长（相同轴线）	≤5

知识点 2　光伏组件的安装

1. 光伏组件的安装

（1）光伏组件及配件的质量检验

① 光伏组件支架连接紧固件必须符合国家标准要求，采用热镀锌件，达到保证其寿命和防腐紧固的目的。螺栓、螺母、平垫圈、弹簧垫圈数量、规格型号和品种应齐全，性能良好，符合设计要求。每个螺栓紧固之后，螺栓露出部位长度应为螺栓直径的 2/3。

② 工具准备：套筒扳手、开口扳手、梅花扳手、内六角扳手、水准仪、指北针、钢卷尺、力矩扳手、线绳、水平管、马凳、人字梯等必须符合工程施工需要及质量检测要求。

③ 对施工班组进行本安装工程的安全、质量、工艺标准、工期、文明施工、工期计划、组织划分、协调等交底，并组织安排技能培训，考核上岗。做好交底、培训考核记录及签字工作。

④ 安装样板。在光伏电站大面积施工前，必须先安装样板，样板经自检、专检合格，报监理、业主验收合格达到设计、规范标准后，按样板开展正式的安装工程。

（2）光伏组件安装的质量标准

① 支架构件的材质、连接螺栓等必须符合设计及规范的要求。检查材料出场合格证、检验报告单。

② 支架构架及整体安装标准规范，横平竖直、整齐美观；螺栓紧固可靠，满足设计规范要求。

（3）光伏组件的安装

① 组件的运输与保管应符合制造厂的专门规定。光伏组件开箱前，必须通知厂家、监理、业主一起到现场进行开箱检查，对照合同、设计、供货单检查组件的尺寸、品牌、合格证、技术参数、外观等，并组织做好开箱检查见证记录，检查合格后方可使用。

② 组件安装前支架的安装工作应通过质量验收。组件的型号、规格应符合设计要求。组件的外观及各部件应完好无损，安装人员应经过相关安装知识培训和技术交底。

③ 组件的安装应符合下列规定：光伏组件安装应按照设计图纸进行；组件固定螺栓的力矩值应符合制造厂或设计文件的规定。组件安装允许偏差应如表 3-5 所示。

表 3–5　组件安装允许偏差

<table>
<tr><th>序号</th><th colspan="2">检查项目</th><th colspan="2">质量标准</th><th>单位</th><th>检验方法及器具</th></tr>
<tr><td rowspan="7">1</td><td rowspan="7">组件安装</td><td>倾斜角度偏差</td><td colspan="2">按设计图纸要求或≤1</td><td>度</td><td>角度测量尺（仪）</td></tr>
<tr><td rowspan="2">组件边缘高差</td><td>相邻组件间</td><td>≤1</td><td>mm</td><td>钢尺检查</td></tr>
<tr><td>东西向全长（同方阵）</td><td>≤10</td><td>mm</td><td>钢尺检查</td></tr>
<tr><td rowspan="2">组件平整度</td><td>相邻组件间</td><td>≤1</td><td>mm</td><td>钢尺检查</td></tr>
<tr><td>东西向全长（同方阵）</td><td>≤5</td><td>mm</td><td>钢尺检查</td></tr>
<tr><td>组件固定</td><td colspan="2">紧固件紧固牢靠</td><td></td><td>扭矩扳手检查</td></tr>
<tr style="display:none"></tr>
<tr><td rowspan="3">2</td><td rowspan="3">组件连线</td><td>串联数量</td><td colspan="2">按设计要求进行串联</td><td></td><td>观察检查</td></tr>
<tr><td>接插件连接</td><td colspan="2">插接牢固可靠</td><td></td><td>观察检查</td></tr>
<tr><td>组串电压、极性</td><td colspan="2">组串极性正确，电压正常</td><td></td><td>万用表测量</td></tr>
</table>

（4）组件之间的接线应符合要求

① 光伏组件连接数量和路径应符合设计要求。

② 光伏组件连接插件应连接牢固。

③ 外接电缆同插件连接处应搪锡。

④ 光伏组件进行组串连接后，应对光伏组件串的开路电压和短路电流进行测试。

⑤ 光伏组件间连接线可利用支架进行固定，并应整齐、美观。

⑥ 同一组光伏组件或光伏组件串的正负极不应短接。

⑦ 严禁触摸光伏组件的金属带电部位。

⑧ 严禁在雨中进行光伏组件的连线工作。

2. 光伏组件安装注意事项

（1）施工过程中，严禁踩踏电池板，最大程度地避免组件安装的野蛮施工行为。设计单位要充分考虑组件安装预留通道事宜，不可盲目地为了追求装机容量而影响电站建设的高质量。

（2）严禁挤压或用尖锐物敲打、碰撞、刮划光伏组件任何部位。

（3）严禁安装工具随意在光伏组件上摆放、碰触。

（4）严禁触摸光伏组件的金属带电部位。

（5）严禁将同一片光伏组件连接线的正、负极插头对接。

（6）严禁采用提拉接线盒或连接件的方式将组件抬起。

（7）严禁在下雨、下雪、大风天气条件下安装光伏组件。

（8）严禁单人搬运光伏组件，必须由两人抬运，且要轻拿轻放；避免组件受到大的震动，以免造成光伏组件隐裂。

（9）同尺寸、同规格型号的光伏组件才可串联在一起。

（10）光伏组件出现损伤时禁止使用。

（11）施工现场已开箱光伏组件需正面朝上平放，底部垫有木质托盘和电池板包装物，严禁立放、斜放或悬空。

（12）严禁将组件的背面直接暴露在阳光下。

知识点 3　逆变器的安装

1. 逆变器安装环境要求

逆变器设计为室内应用，应将其安装在通风良好、凉爽、干燥、清洁的机房室内环境中。逆变器正常工作时由内部风扇提供强制风冷，冷风通过机柜正面风栅进入逆变器内部，并通过逆变器顶部或后部的风道排出热风。为确保室内工作的逆变器有效散热，机房内应对逆变器的冷却进风和排出热风进行有效分隔。逆变器进风与出风风道必须独立设置，运行环境满足下表的要求，以确保逆变器散热效果。

表 3-6　光伏逆变器运行环境要求

项目	正常范围
工作温度	−30～55 ℃
存储温度	−40～70 ℃
相对湿度	5%～95%，无冷凝
海拔高度	≤3 000 m
污染等级	Ⅱ级

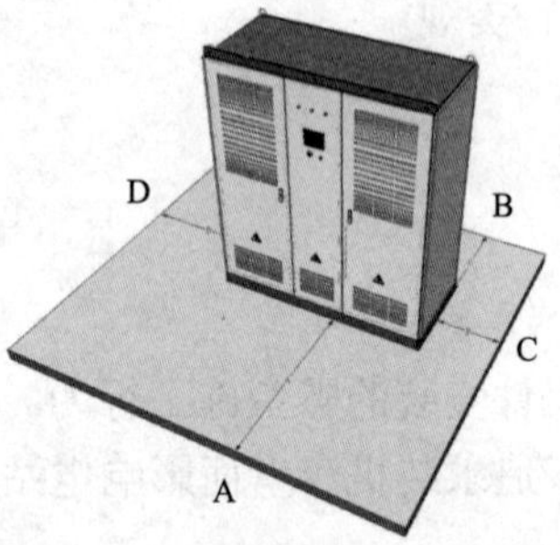

图 3-26　逆变器安装空间距离需求

2. 逆变器安装空间距离要求

逆变器除磁性元件以外的器件均采用正面维护，冷却风源从逆变器机柜正面风栅进入，因此要求在逆变器机柜前预留足够的操作空间。该操作空间以逆变器机柜门完全打开后，维护人员能自由通过为准。考虑对后舱磁性元件的检修方便，建议在机柜后部预留维护空间。逆变器对两侧安装距离没有要求。综合考虑逆变器冷却、维护等需求后，逆变器安装空间距离需求如图 3-26 所示，逆变器四周空隙大小如表 3-7 所示。

表 3-7　逆变器四周空隙大小

位置	最小长度（mm）	备注
A	800	逆变器正面预留空间，确保开门后维护人员能自由通过
B	400	与其他设备或墙面保持维护人员能够通过的距离
C	400	逆变器后部预留维护空间
D	400	与其他设备或墙面保持维护人员能够通过的距离

3. 逆变器的地面固定

以某公司 EP 系列 500 kW/630 kW 逆变器安装为例，可直接将逆变器放置在地板上固定，也可以将逆变器固定在底部有走线槽沟的预制槽钢上。外形尺寸如图 3-27 所示。

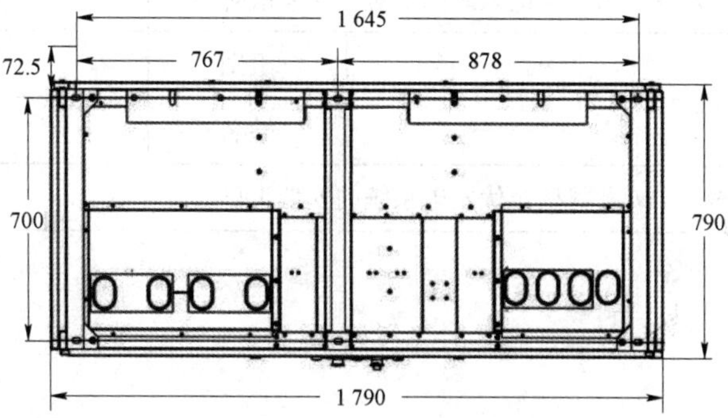

图 3-27　EP 系列 500 kW/630 kW 逆变器外形尺寸

3.2.4　任务实施

1. 任务准备

准备好光伏电站建设实训设备、一字螺丝刀 1 把、十字螺丝刀 1 把、六角螺丝刀 1 把、剥线钳 1 把、压线钳 1 把、万用表 1 个、MC4 接头套件若干、配套导线若干。

2. 任务内容

使用实训装置，按照设计图纸完成安装工作。

（1）光伏支架的安装。

（2）光伏组件的安装。

（3）控制器的安装。

（4）蓄电池的安装。

（5）离网逆变器的安装。

（6）离网型光伏发电系统的完整安装。

其中，考核重点为完成光伏组件及其支架的安装和离网逆变器的安装。

3. 任务要求

（1）组件安装不能少螺栓、弹簧垫圈、螺母等，螺母要拧紧。连线及组件的输出电缆也要牢固，检查连线是否正确。

（2）用万用表测试每路阵列的开路电压和短路电流。根据开路电压、短路电流来判断每路阵列的电气连接是否正常。

（3）布线要避免出现短路电流。

（4）为了减少接线的线压和降低成本，接线箱的位置应该离光伏阵列尽可能近一些，但不要影响光伏发电系统的整体构造、美观和日后的检查及部件更换。

3.2.5 任务实施单

任务名称	4 kW 离网型光伏发电系统的安装	完成时长	
班级		组别	
学号		姓名	
任务要求	完成 4 kW 离网型光伏发电系统的安装工作		
实施过程记录			
任务实施总结			

3.2.6 任务验收单

任务名称	4 kW 离网型光伏发电系统的安装		验收时间	
班级			组别	
学号			姓名	
任务要求	完成 4 kW 离网型光伏发电系统的安装工作			
验收要点	序号	验收内容		验收结果
	1	规范完成光伏支架的安装		
	2	规范完成光伏组件的安装		
	3	控制器蓄电池		
	4	规范完成逆变器的安装		
	5	规范完成相关线路的安装		
	6	规范完成离网型光伏发电系统其他部分的安装		
验收结果				

3.2.7　任务评价单

学生自我评价单

<table>
<tr><td>项目 3</td><td>4 kW 离网型光伏发电系统</td><td>任务 3.2</td><td colspan="4">4 kW 离网型光伏发电系统的安装</td></tr>
<tr><td colspan="3">评价项目</td><td>8≤优≤10（分）</td><td>6≤良＜8（分）</td><td>4≤中＜6（分）</td><td>2＜差＜4（分）</td></tr>
<tr><td colspan="3">1. 学习态度是否主动，能否及时完成教师布置的各项任务</td><td></td><td></td><td></td><td></td></tr>
<tr><td colspan="3">2. 是否完整地记录探究活动的过程，收集的有关信息和资料是否完整</td><td></td><td></td><td></td><td></td></tr>
<tr><td colspan="3">3. 能否根据学习资料对任务进行合理分析，并对所制定的方案进行可行性分析</td><td></td><td></td><td></td><td></td></tr>
<tr><td colspan="3">4. 是否能够完全领会教师的授课内容，并快速掌握技能</td><td></td><td></td><td></td><td></td></tr>
<tr><td colspan="3">5. 是否积极参与各种讨论，并能清晰地表达自己的观点</td><td></td><td></td><td></td><td></td></tr>
<tr><td colspan="3">6. 能否独立或合作完成任务</td><td></td><td></td><td></td><td></td></tr>
<tr><td colspan="3">7. 对出现的问题是否能主动思考，并使用现有知识进行解决，以及知道自己在某些知识方面的不足之处</td><td></td><td></td><td></td><td></td></tr>
<tr><td colspan="3">8. 是否通过任务训练达到学习目标</td><td></td><td></td><td></td><td></td></tr>
<tr><td colspan="3">9. 是否有安全、环保意识与团队合作意识</td><td></td><td></td><td></td><td></td></tr>
<tr><td colspan="3">10. 工作过程中是否能保持整洁、有序、规范的工作环境</td><td></td><td></td><td></td><td></td></tr>
<tr><td>姓名</td><td></td><td>日期</td><td></td><td>总评</td><td colspan="2"></td></tr>
<tr><td>任务总结</td><td colspan="6"></td></tr>
</table>

学生互评单

<table>
<tr><td>项目 3</td><td>4 kW 离网型光伏发电系统</td><td>任务 3.2</td><td colspan="2">4 kW 离网型光伏发电系统的安装</td></tr>
<tr><td colspan="3">评价项目</td><td colspan="2">评分</td></tr>
<tr><td colspan="3">1. 在组队中是否称职，能否按计划完成团队任务（20 分）</td><td colspan="2"></td></tr>
<tr><td colspan="3">2. 能否主动思考并解决问题（20 分）</td><td colspan="2"></td></tr>
<tr><td colspan="3">3. 是否完成任务（20 分）</td><td colspan="2"></td></tr>
<tr><td colspan="3">4. 是否有团队合作意识（20 分）</td><td colspan="2"></td></tr>
<tr><td colspan="3">5. 是否积极参与各种讨论，并能清晰地表达自己的观点（20 分）</td><td colspan="2"></td></tr>
<tr><td>评价人</td><td colspan="2"></td><td>合计</td><td></td></tr>
<tr><td>改进建议</td><td colspan="4"></td></tr>
</table>

教师评价单

考核点	标准（分）	得分
任务方案准备与计划	20	
实施操作及团队协作	20	
知识和技能掌握情况	20	
数据记录与分析	20	
任务汇报与总结	20	
合计	100	

任务评价单

项目 3	4 kW 离网型光伏发电系统	学生自评	学生互评	教师评分	总分
		30%	30%	40%	
任务 3.2	4 kW 离网型光伏发电系统的安装				

3.2.8 自我评测

1. 简述光伏支架的安装步骤和工艺流程。
2. 简述光伏组件的安装步骤和工艺流程。
3. 简述离网型光伏发电系统相关电气设备的安装步骤和工艺流程。

课后习题

任务 3.3 4 kW 离网型光伏发电系统的运行维护

学习目标

1. 知识目标

（1）掌握离网型光伏发电系统光伏组件和支架运维内容。

（2）掌握离网型光伏发电系统逆变器运维内容。

2. 能力目标

（1）能进行离网型光伏发电系统光伏组件和支架运维工作。

（2）能进行离网型光伏发电系统逆变器运维工作。

3. 素养目标

（1）树立质量与成本意识。

（2）培养实事求是、精益求精的精神。

（3）培育正确的劳动价值观、积极的劳动精神和良好的劳动品质。

3.3.1　任务引入

现需在宁夏回族自治区银川市某地建设一个地面离网型光伏发电系统，该地年总辐照量可达 5 040～6 102 MJ/m^2，年日照时数为 2 284～2 495 h。该离网型光伏发电系统工作电压为直流 48 V，负载功率为 2.5 kW，负载工作电压为单相交流 220 V，平均每天用电时间为 3.5 h，连续阴雨天气下连续工作时间为 2 天，光伏组件阵列面峰值日照时数取 4.5 h，光伏阵列水平方位角选择正南方向。该项目的光伏发电系统已完成施工和安装工作，请开展该项目光伏发电系统的相关运行维护工作。在本任务中将重点安排完成光伏组件及其支架的运维、逆变器的运维这两部分的工作。

3.3.2　任务工单

任务名称	4 kW 离网型光伏发电系统的运行维护	指导教师	
班级		组别	
学号		姓名	
任务描述	现需在宁夏回族自治区银川市某地建设一个离网型光伏发电系统，该地年总辐照量可达 5 040～6 102 MJ/m^2，年日照时数为 2 284～2 495 h。该离网型光伏发电系统工作电压为直流 48 V，负载功率为 2.5 kW，负载工作电压为单相交流 220 V，平均每天用电时间为 3.5 h，连续阴雨天气下连续工作时间为 2 天，光伏组件阵列面峰值日照时数取 4.5 h，光伏阵列水平方位角选择正南方向。该项目的光伏发电系统已完成施工和安装工作，请开展该项目光伏发电系统的相关运行维护工作		
材料清单	设备：光伏电站运维实训设备 工具：扳手、万用表、剥线钳、压线钳等 耗材：导线等		
知识点	1. 光伏支架的运行维护工作内容和注意事项 2. 光伏组件的运行维护工作内容和注意事项 3. 逆变器的运行维护工作内容和注意事项		
技能点	1. 使用相关工具和仪器仪表进行光伏支架的运行维护 2. 使用相关工具和仪表进行光伏组件的运行维护 3. 使用相关工具进行逆变器的运行维护		

3.3.3　知识点链接库

知识点 1　光伏组件和支架的运行维护

光伏组件的运维规程如表 3-8 所示。

表 3-8　光伏组件的运维规程

一般规程	巡回检查规定
光伏组件在运行过程中不得有物体长时间遮挡	定期对每一串光伏组件电流进行监测，对偏离值较大的需查明原因
光伏组件表面出现玻璃破裂或热斑、背板灼焦、颜色明显变化，光伏组件接线盒变形、扭曲、开裂或烧损、接线端子无法良好连接时，应及时进行更换	在大风过后需对光伏组件进行一次全面巡回检查
在更换光伏组件时，必须断开与之相应的汇流箱开关、支路保险及相连光伏组件接线。工作人员需使用绝缘工器具	巡回检查过程中尽量不要接触接线插头及组件支架，如需进行工作必须接触接线插头及组件支架时，工作人员需要使用绝缘工器具，方可进行工作
光伏组件更换完毕，必须测量开路电压，并进行记录	光伏组件、汇流箱、直流配电柜运行中，正极、负极严禁接地

光伏组件在运行中应保持表面清洁，光伏组件出现污物时必须对组件进行清洗，以保证组件的转换效率。清洗工作应选择在清晨、傍晚、夜间或阴雨天进行，严禁选择中午前后或阳光比较强烈的时段进行。常规清洗可分为普通清扫和冲洗清洁，如图 3-28 所示。

(a)　(b)　(c)　(d)

图 3-28　光伏组件清洗

光伏组件的定期检查与巡回检查内容如表 3–9 所示。

表 3–9　光伏组件的定期检查与巡回检查内容

序号	名称	步骤	工作标准	使用工具与方法	周期
1	U 型压板检查	① 检查压板有无缺失	无缺失	观察	90 天 1 次
		② 检查压板有无松动	无松动	观察	
2	组件	① 检查组件钢化玻璃是否开裂破损	玻璃无开裂破损	观察	
		② 检查电池片有无破损、隐裂、热斑、变色异常等	电池片无破损、隐裂、热斑、变色异常等	观察	
		③ 查看组件表面有无气泡、EVA 脱层、水汽	组件表面无气泡、EVA 脱层、水汽	观察	
		④ 查看组件上的带电警告标识有无缺失	组件上的带电警告标识无缺失	观察	
		⑤ 查看金属边框的光伏组件边框是否牢固接地，有无生锈、变形	边框牢固接地，无生锈、变形	观察	
		⑥ 查看背板有无划伤、开胶、鼓包、气泡等	无划伤、开胶、鼓包、气泡等现象	观察	
		⑦ 检查组件有无松动、脱落	无松动、脱落	触摸、内六角扳手	
3	MC4 插头是否松动	查看连接公母头是否插紧	紧固	内六角扳手	
4	接线盒	查看接线盒塑料有无变形、扭曲、开裂、老化及烧毁等	接线盒塑料无变形、扭曲、开裂、老化及烧毁等	观察、万用表	

光伏支架是光伏发电系统的载体，在使用一定年限后必须定期进行检查、维护和保养，才能保证光伏支架的正常性能。光伏电站巡检人员应严格按规定对光伏支架进行定期检查。光伏阵列与支架的定期检查与巡回检查内容如表 3–10 所示。

表 3-10　光伏阵列与支架的定期检查与巡回检查内容

序号	名称	步骤	工作标准	使用方法与工具	周期
1	光伏阵列	① 光伏阵列整体有无变形、错位、松动等现象	无变形、错位、松动等现象	观察	90天1次
		② 光伏阵列的主要受力构件、连接构件和连接螺栓有无损坏、松动，焊缝有无开焊，金属材料的防锈涂膜有无剥落、锈蚀现象	无损坏、松动、开焊、剥落、锈蚀现象	观察，活动扳手、六角扳手	
		③ 光伏阵列的支撑结构之间有无其他物品	无其他物品	观察	
2	支架	支架表面的防腐涂层是否符合设计要求，有无开裂和脱落现象	要求锌层表面均匀，无毛刺、过烧、挂灰、伤痕、局部未镀锌（2 m 以上）等，不得有影响安装的锌痕。螺纹的锌层应光滑，螺栓连接件应能拧入；无开裂脱落，否则应及时补刷	观察，内六角扳手、毛刷	
		支架与接地系统的连接是否可靠，电缆金属外皮与接地系统的连接是否可靠	两者之间接触电阻应不大于 4 Ω，可靠连接	万用表、绝缘电阻测试仪	
		所有螺栓、焊缝和支架连接是否牢固可靠	所有螺栓、焊缝和支架连接牢固可靠	观察，电焊工具	
		支架构件直线度是否符合设计要求	要求弯曲矢高 l/1 000 不应大于 10 mm	观察	
		混凝土支架基础有无下沉或移位，有无松动脱皮，尺寸偏差是否在允许偏差范围	无下沉或移位，无松动脱皮，尺寸偏差在允许偏差范围，基础直径偏差≤5%	观察	

知识点 2　逆变器的运行维护

光伏逆变器的运维规程如表 3-11 所示。

表 3-11　光伏逆变器的运维规程

一般规程	自动运行
逆变器并网运行时有功功率不得超过所设定的最大功率。当超出设定的最大功率时，应查明原因，设法恢复到规定功率范围内。如无法恢复，应将逆变器停机	逆变器自动并网，无需人为干预。输入电压在额定的直流电压范围、电网电压在正常工作范围时自动并网
逆变器正常运行时不得更改逆变器任何参数	当逆变器并网运行，系统发生扰动后，逆变器将自动解列，在系统电压、频率未恢复到正常范围之前，逆变器不允许并网。当系统电压、频率恢复正常后，逆变器需要经过一个可延时时间后才能重新并网。由于所选逆变器厂家不同，逆变器重启时间有所差异
逆变器由于某种原因退出运行，再次投入运行时，应检查直流电压及电流变化情况	逆变器在运行中，必须保证逆变器功率模块风机运行正常，室内通风良好，禁止关闭或堵塞进出风口
逆变器在关机 20 min 后，方可打开柜门工作。在进行逆变器逆变模块维护工作时，模块拔出 5 min 后，方可进行模块的维护工作。工作结束 10 min 后，方能重新插入机柜	

光伏逆变器的定期检查内容如表 3-12 所示。

表 3-12　光伏逆变器的定期检查内容

<table>
<tr><th>序号</th><th>名称</th><th>步骤</th><th>工作标准</th><th>使用工具与方法</th><th>时间及周期</th></tr>
<tr><td rowspan="3">1</td><td rowspan="3">温度测量</td><td>① 在逆变器内用测温仪对每一支路、每一极测温</td><td rowspan="3">≤75 ℃</td><td rowspan="3">测温仪、对讲机、手电</td><td rowspan="4">1 季度 1 次</td></tr>
<tr><td>② 在显示屏上读取各模块温度</td></tr>
<tr><td>③ 控制室值班人员记录现场数据的同时，对比后台显示的相应的温度进行记录</td></tr>
<tr><td>2</td><td>电缆紧固</td><td>检查逆变器各支路开关上下口电缆连接处标记，如需紧固，将逆变器室内对应支路及汇流箱开关拉开</td><td>45 N·m</td><td>扳手、记号笔</td></tr>
<tr><td rowspan="2">3</td><td rowspan="2">电压测量</td><td>① 在显示屏上读取直流及交流电压</td><td rowspan="2">交流 315（1±10%）V，直流 46～850 V</td><td rowspan="2">万用表、验电笔</td><td rowspan="2">15 天 1 次</td></tr>
<tr><td>② 控制室值班人员在记录现场数据的同时，对比后台显示的相应的电压进行记录</td></tr>
</table>

续表

序号	名称	步骤	工作标准	使用方法与工具	时间及周期
4	电流测量	① 现场人员通过测量显示装置读取实时电流	≤145 A	钳形电流表、对讲机	15 天 1 次
		② 控制室值班人员记录现场数据的同时，对比后台显示的相应支路电流进行记录			
5	发电参数测量	① 在显示屏上读取输出功率、日发电量、总发电量	现场数据与后台数据偏差较小	对讲机	
		② 控制室值班人员记录现场数据的同时，对比后台显示的相应参数进行记录			
6	阻抗检查	① 在显示屏上读取正、负对地阻抗	≥50 kΩ	对讲机	
		② 控制室值班人员记录现场数据的同时，对比后台显示的相应阻抗进行记录			
7	防火封墙检查	① 逆变器各支路、通信柜、配电柜进线防火泥是否脱落	无脱落	防火泥	
		② 逆变器投掷的鼠药是否还有，如果没有则应进行补充	有防鼠药	鼠药	
		③ 逆变器基坑是否有积水或有异物	无积水、无异物	观察	
8	每次检查后当日值班人员将检查数据汇总整理后，发送到相应微云文件夹中	汇总至故障记录簿		中性笔	

3.3.4 任务实施

结合实训设备，完成离网型光伏发电系统主要设备的运行维护工作。

1. 光伏组件的定期检查。
2. 光伏组件的巡回检查。
3. 光伏逆变器的定期检查。
4. 光伏逆变器的巡回检查。

3.3.5　任务实施单

任务名称	4 kW 离网型光伏发电系统的运行维护	完成时长	
班级		组别	
学号		姓名	
任务要求	完成 4 kW 离网型光伏发电系统的运行维护工作		
实施过程记录			
任务实施总结			

3.3.6　任务验收单

<table>
<tr><td>任务名称</td><td colspan="2">4 kW 离网型光伏发电系统的运行维护</td><td>验收时间</td><td></td></tr>
<tr><td>班级</td><td colspan="2"></td><td>组别</td><td></td></tr>
<tr><td>学号</td><td colspan="2"></td><td>姓名</td><td></td></tr>
<tr><td>任务要求</td><td colspan="4">完成 4 kW 离网型光伏发电系统的运行维护工作</td></tr>
<tr><td rowspan="5">验收要点</td><td>序号</td><td colspan="2">验收内容</td><td>验收结果</td></tr>
<tr><td>1</td><td colspan="2">规范完成光伏组件支架的运行维护</td><td></td></tr>
<tr><td>2</td><td colspan="2">规范完成光伏组件的运行维护</td><td></td></tr>
<tr><td>3</td><td colspan="2">规范完成光伏逆变器的运行维护</td><td></td></tr>
<tr><td>4</td><td colspan="2">正确使用相关工具和仪器仪表</td><td></td></tr>
<tr><td>验收结果</td><td colspan="4"></td></tr>
</table>

3.3.7 任务评价单

学生自我评价单

项目 3	4 kW 离网型光伏发电系统	任务 3.3	4 kW 离网型光伏发电系统的运行维护		
评价项目		8≤优≤10（分）	6≤良＜8(分)	4≤中＜6（分）	2＜差＜4（分）
1. 学习态度是否主动，能否及时完成教师布置的各项任务					
2. 是否完整地记录探究活动的过程，收集的有关信息和资料是否完整					
3. 能否根据学习资料对任务进行合理分析，并对所制定的方案进行可行性分析					
4. 是否能够完全领会教师的授课内容，并快速掌握技能					
5. 是否积极参与各种讨论，并能清晰地表达自己的观点					
6. 能否独立或合作完成任务					
7. 对出现的问题是否能主动思考，并使用现有知识进行解决，以及知道自己在某些知识方面的不足之处					
8. 是否通过任务训练达到学习目标					
9. 是否有安全、环保意识与团队合作意识					
10. 工作过程中是否能保持整洁、有序、规范的工作环境					
姓名		日期		总评	
任务总结					

学生互评单

项目 3	4 kW 离网型光伏发电系统	任务 3.3	4 kW 离网型光伏发电系统的运行维护
评价项目		评分	
1. 在组队中是否称职，能否按计划完成团队任务（20 分）			
2. 能否主动思考并解决问题（20 分）			
3. 是否完成任务（20 分）			
4. 是否有团队合作意识（20 分）			
5. 是否积极参与各种讨论，并能清晰地表达自己的观点（20 分）			
评价人		合计	
改进建议			

教师评价单

考核点	标准（分）	得分
任务方案准备与计划	20	
实施操作及团队协作	20	
知识和技能掌握情况	20	
数据记录与分析	20	
任务汇报与总结	20	
合计	100	

任务评价单

<table>
<tr><td rowspan="2">项目 3</td><td rowspan="2">4 kW 离网型光伏发电系统</td><td>学生自评</td><td>学生互评</td><td>教师评分</td><td rowspan="2">总分</td></tr>
<tr><td>30%</td><td>30%</td><td>40%</td></tr>
<tr><td>任务 3.3</td><td>4 kW 离网型光伏发电系统的运行维护</td><td></td><td></td><td></td><td></td></tr>
</table>

3.3.8　自我评测

课后习题

1. 简述光伏组件的运行维护内容和注意事项。
2. 简述逆变器的运行维护内容和注意事项。
3. 简述离网型光伏发电系统其他相关电气设备运行维护的内容和注意事项。

案例拓展

1. 案例分析

用户的照明负载 200 W 每天工作 6 h，冰箱 50 W 每天工作 24 h，电视机 50W 每天工作 10 h，还有洗衣机 200 W，台式电脑 200 W，电饭锅 600 W，电风扇 150 W 等家电不定时工作，用户的负载用电情况见表 3–13，项目安装地点在内蒙古自治区锡林郭勒盟。

表 3–13　用户的负载用电情况

序号	负载类型	电器	功率	每天用电量
1	阻性负载	照明/电视机/台式电脑/电饭锅	1 050 W	7 kWh
2	感性负载	冰箱/洗衣机/电风扇	400 W	5 kWh
合计			1 450 W	12 kWh

安装地点光照条件较好，年平均日照时数 3 200 h 以上，适合安装光伏发电系统。

2. 方案设计

离网型逆变器的功率要根据用户的负载类型和功率来确定，用户最大的阻性负载是电饭锅 600 W；感性负载功率总共为 400 W，最大的负载是洗衣机 200 W，感性负载按照 5 倍的峰值计算，因此用户所有负载加起来峰值功率约 3 kW，考虑到设计裕量，所有负载不会同时启动，因此选用 3 kW 的高频离网型逆变器。逆变器的电气参数见表 3–14。

表 3–14　3 kW 的高频离网型逆变器的电气参数

电气参数	SPF3000
光伏侧输入	
光伏输入电压范围	60～115 V　DC
最高输入电压	150 V　DC
最大充电电流	70 A
光伏最大输入功率	3 500 W
交流侧输入	
额定电压	230 V　AC
电压范围	17～270 V　AC（不停电模式），90～280 V　AC（家庭模式）
最大输出电流	13.6 A
铅酸蓄/锂电池	
额定输入电压	48 V　DC

组件功率要根据用户每天的用电量来确认。用户每天平均的用电量为 12 kWh，当地每天峰值日照时数为 3 h，离网系统的效率约为 0.8，因此设计采用 340 W 单晶组件 9 块，容量为 3.06 kW 组件，每天能发电 16.5 kWh，除去损耗给到用户大约 13 kWh，基本能满足用户需要。340 W 的组件技术参数见表 3–15。

表 3–15　340 W 的组件技术参数

型号	JAM60 S10–330 MR	JAM60 S10–340 MR
最大功率（W）	330	340
开路电压（V）	41.08	41.55
最大功率点工作电压（V）	34.24	34.73
短路电流（A）	10.30	10.46
最大功率点工作电流（A）	9.64	9.79
组件效率（%）	19.6	20.2

蓄电池容量根据用户无光照时的用电量确定，白天光伏发电可以不经过蓄电池直接给负载使用，估计用户每天晚上用电量为 10 kWh，设计采用 12 V/150 Ah 的 8 节铅酸蓄电池，容量为 14.4 kWh，按 70%的放电深度，可为用户提供电量 10 kWh。

电气方案设计：根据逆变器最高输入电压是 150 V 的限制，组件的开路电压是

41.55 V，9 块组件设计采用 3 块串联 3 块并联的方式接入逆变器中，逆变器的蓄电池接口电压是 48 V，8 节 12 V 的蓄电池采用 4 块串联 2 块并联的方式接入逆变器中，采用 4 mm^2 光伏电缆，蓄电池最大充电电流是 70 A，采用 16 mm^2 的电缆。为了安全和方便，可以在光伏输入端、蓄电池输入端加一个开关，光伏输入端最大电流是 32 A，设计采用 40 A 的直流开关，蓄电池最大电流是 70 A，设计采用 80 A 的直流开关，交流最大输出电流是 6 A，设计采用 16 A 的交流开关。

课后项目

计划建设一个离网型光伏电站，容量 30 kW，地点在北京，计划使用蓄电池进行储能，储能电能达 150 kWh。请完成该项目的设计和建设方案。

项目 4
屋顶分布式光伏发电系统

项目说明

本项目要求在安徽省滁州市某学校教学楼顶设计并安装一套屋顶分布式光伏发电系统（市电 230 V 并网），屋顶可利用面积为 1 910 m^2。

任务 4.1　屋顶分布式光伏发电系统的设计

学习目标

1. 知识目标

（1）了解分布式光伏发电系统的概念及类型。

（2）掌握分布式光伏发电系统的特点。

（3）掌握分布式光伏发电系统的结构组成及应用场景。

（4）掌握集中式、组串式和微型逆变器的优缺点。

2. 能力目标

（1）能阐述分布式光伏发电系统的特点。

（2）能阐述分布式光伏发电系统不同类型的结构组成及应用场景。

（3）能阐述集中式、组串式和微型逆变器的优缺点。

（4）能完成并网型光伏发电系统中光伏组件、并网逆变器的选型。

3. 素养目标

（1）提高自主学习能力。

（2）培养利用网络查阅资料的能力。

（3）树立质量与成本意识。

（4）培养实事求是、精益求精的精神。

4.1.1　任务引入

在安徽省滁州市某学校教学楼顶设计并安装一套屋顶分布式光伏发电系统（市电 230 V 并网），屋顶可利用面积为 1 910 m^2。请完成该发电系统的设计工作。

4.1.2　任务工单

任务名称	屋顶分布式光伏发电系统的设计	指导教师	
班级		组别	
学号		姓名	
任务描述	计划在安徽省滁州市某学校教学楼顶设计并安装一套屋顶分布式光伏发电系统（市电 230 V 并网），屋顶可利用面积为 1 910 m^2。请完成该发电系统的设计工作		
材料清单	设备：计算机 工具：相关设计软件、绘图软件		
知识点	1. 分布式光伏发电 2. 并网逆变器 3. 光伏电缆		
技能点	1. 使用设计软件进行屋顶分布式光伏发电系统相关设计 2. 使用软件进行屋顶分布式光伏发电系统设计绘图工作		

4.1.3　知识点链接库

知识点 1　分布式光伏发电简介

1. 分布式光伏发电的概念

分布式光伏发电系统是指在用户所在地（如居民屋顶、商业建筑、工业厂房等）安装光伏系统，将太阳能直接转换为电能，并在本地消纳或并入电网。这种模式不同于集中式光伏电站，它具有分散化、灵活性高、就地取能等特点，能够有效缓解电网压力，提高能源利用效率。

2. 分布式光伏发电系统的类型

根据不同的应用场景和系统规模，分布式光伏发电系统可以分为四种类型。

（1）居民分布式光伏系统

安装在居民屋顶或庭院中，主要用于满足家庭日常用电需求，剩余电量可并入电网。

（2）商业分布式光伏系统

安装在商业建筑屋顶或停车场中，主要用于满足办公等商业场所的用电需求，具有较大的发电规模和经济效益。

（3）工业分布式光伏系统

安装在工业厂房屋顶或空地上，主要用于满足工厂生产用电需求，能够显著降低企业电费成本，提高能源利用效率。

（4）农业分布式光伏系统

安装在农业设施（如大棚、鱼塘等）上，结合农业生产实现光伏农业一体化，既能发电又能促进农业增收。

3. 分布式光伏发电系统的应用场景

（1）城市建筑。在城市中的居民楼、商业楼、办公楼等建筑物上安装分布式光伏系统，实现绿色建筑和节能减排。

（2）农村地区。在农村居民住宅、农田、大棚等地安装分布式光伏系统，解决农村用电问题，促进农村经济发展。

（3）工业园区。在工业园区的厂房、仓库、停车场等地安装分布式光伏系统，为企业提供清洁能源，降低电费成本。

（4）公共设施。在学校、医院、政府办公楼等公共设施上安装分布式光伏系统，推动公共部门的绿色低碳发展。

知识点 2　并网逆变器

光伏并网逆变器将光伏阵列输出的直流电转换为符合电网要求的交流电再输入电网，是并网光伏系统能量转换与控制的核心设备。近年来，随着各种新型器件、新型拓扑结构和新型控制芯片及控制算法不断涌现，逆变器的各项技术指标不断提升。具体技术指标如表 4–1 所示。

表 4–1　并网逆变器发展技术指标

	第一代	第二代	第三代	第四代	第五代
年代（年）	2002—2007	2008—2011	2012—2016	2017—2022	2023 至今
功率器件/拓扑结构	小功率 IGBT、MOSFET/两电平	第三代 IGBT/两电平	第四代、第五代 IGBT/两电平、三电平	IGBT、SiC 器件/两电平、三电平	SiG、GaN 器件/三电平、多电平
电容器件	电解电容	电解电容、薄膜电容	电解电容、薄膜电容	电解电容、薄膜电容	薄膜电容、无电解电容、低电容
处理器	单片机（96 系列）	DSP24 系列	DSP28 系列	双 DSP，200 MHz 主频	ARM，DSP，500 MHz 主频
最大效率	95%	97%	98.70%	99%	99.50%
欧洲效率	94%	96%	98.50%	98.7%	99%
MPPT 效率	97%	98%	99%	99.5%	99.90%
寿命（年）	5～10	10～15	15～25	15～25	25～30

并网逆变器根据使用功率范围不同，可以分为集中式并网逆变器、组串式并网逆变器、微型并网逆变器，各种类型的并网逆变器情况如下。

1. 集中式逆变器

单机功率：几百千瓦到几兆瓦。

系统拓扑结构：一般采用 DC-AC 一级变换。

功率器件：一般采用大电流 IGBT。

特点：单机功率大、数量少、每瓦系统成本低，常用于大型地面电站、水面电站及大型屋顶电站。

2. 组串式逆变器

单机功率：3～300 kW。

系统拓扑结构：多用 DC-DC-AC 两级变换。

特点：单机功率小、应用灵活、元器件数量较多，主要用于复杂山丘电站及中小型分布式电站。

3. 微型逆变器

单机功率：一般为几百瓦。

特点：体积轻，便于安装，系统直流电压低，安全性高。缺点是系统成本较高，数量多，主要应用在户用系统中。

知识点 3　光伏电缆

在光伏发电系统中，电力线缆主要使用到直流电缆和交流电缆，其中组件间串联电缆和组串间并联的直流电缆占据了一半以上的电缆量，经逆变器后使用的电缆为交流电缆。

光伏发电的电缆选择遵循电缆选择的一般要求，即按照电压等级、满足持续工作允许的电流、短路热稳定性、允许电压降、经济电流密度及敷设环境条件等因素进行选型；同时光伏发电系统又具有自身的特点，光伏发电系统常常会在恶劣环境下使用，如高温、寒冷和高紫外线辐射等。所以光伏发电系统中电缆的选择需考虑电缆的绝缘性能、耐热阻燃性能、防潮和防光（抗辐射）性能、敷设方式、导体的材料（铜芯、铝芯）、截面等因素。

1. 光伏电缆的分类

按照光伏发电系统的不同，光伏发电系统电缆分为直流电缆和交流电缆。

（1）直流电缆

光伏发电系统中，直流电缆使用场景主要包括组件与组件之间的串联、组串（组件阵列）之间至直流配电箱（汇流箱）之间的并联、直流配电箱至逆变器之间连接。

直流电缆户外敷设较多，需防潮、防暴晒、耐寒、耐热、抗紫外线，某些特殊的环境下还需防酸碱等化学物质，在这些环境下长期使用的电缆护套易破碎，甚至会分解电缆绝缘层。这些情况会直接损坏电缆系统，同时也会增大电缆短路的风险，从中长期看，发生火灾或人员伤害的可能性也更大，大大影响系统的使用寿命。因此光伏发电系统的直流电缆材料应根据抗紫外线、臭氧、剧烈温度变化和化学侵蚀情况而定。其中组件与组件之间的连接电缆通常与组件成套供应。

（2）交流电缆

光伏发电系统中，交流电缆使用场景主要包括逆变器至变压器的连接、升压变压器至配电装置的连接、配电装置至电网或用户的连接。

这些场景中使用的电缆为交流负荷电缆，户内环境敷设较多，可按照一般电力电缆选型要求选择。

（3）光伏发电系统电缆导体材料的选择

光伏发电系统使用的直流电缆多数情况下为户外长期工作，受施工条件的限制，电缆连接多采用接插件。电缆导体材料可分为铜芯和铝芯。铜芯电缆的抗氧化能力比铝芯电缆要好，具有寿命长、稳定性能高、压降小和电量损耗小的特点。在施工中，由于铜芯柔性好，允许的弯度半径小，所以拐弯方便，穿管容易；而且铜芯抗疲劳性能高、反复折弯不易断裂，所以接线方便；同时铜芯的机械强度高，能承受较大的机械拉力，给施工敷设带来很大便利，也为机械化施工创造了条件。而铝芯电缆，由于铝材的化学特性，安装接头易出现氧化现象（电化学反应），特别是容易发生蠕变现象，易导致故障的发生。另外根据计算，在同等敷设条件下，要想获得同样的载流量，铝的截面要大两挡，这样导致电缆敷设通道增大，有可能要采取专用敷设通道，增加投资成本。因此，在光伏发电系统中，特别是直埋敷设电缆供电领域，铜芯电缆具有突出的优势。

（4）电缆绝缘护套的选择

直流回路在运行中常常受到多种不利因素的影响而造成接地，使得系统不能正常运行。如挤压、电缆制造不良、绝缘材料不合格、绝缘性能低、直流系统绝缘老化或存在某些损伤缺陷等均可引起接地或成为接地隐患。另外户外环境下，小动物侵入或撕咬也会造成直流接地故障。所以直流电缆必须采用具有耐挤压、耐紫外线、耐臭氧侵蚀、耐高温的绝缘材料作为护套。

2. 光伏电缆选配

在光伏发电系统中，电缆种类主要有光伏专用电缆、动力电缆、控制电缆、通信电缆、射频电缆等。电缆截面的选择应满足允许温升、电压损失、机械强度等要求，直流系统电缆按电缆长期允许载流量选择，并按电缆允许压降校验。

光伏发电系统电缆种类选择。

（1）光伏专用电缆：PV1-F1×4 mm^2

组串到汇流箱的电缆一般用光伏专用电缆 PV1-F1×4 mm^2。

特点：光伏专用电缆结构简单，其使用的聚烯烃绝缘材料具有良好的耐热、耐寒、耐油、耐紫外线性能，可在恶劣的环境条件下使用，具备一定的机械强度。

敷设：穿管加以保护，利用组件支架作为电缆敷设的通道和固定支架，降低环境因素的影响。

（2）动力电缆：ZRC-YJV22

钢带铠装阻燃交联电缆 ZRC-YJV22 广泛用作汇流箱到直流柜、直流柜到逆变器、逆变器到变压器、变压器到配电装置、配电装置到电网等的连接电缆。

光伏发电系统中比较常见的 ZRC-YJV22 电缆标称截面有：2.5 mm^2、4 mm^2、6 mm^2、10 mm^2、16 mm^2、25 mm^2、35 mm^2、50 mm^2、70 mm^2、95 mm^2、120 mm^2、150 mm^2、

185 mm²、240 mm²、300 mm²。

特点：

① 质地较硬，耐温等级 90 ℃，使用方便，具有介损小、耐化学腐蚀性高和敷设不受落差限制的特点。

② 具有较高机械强度、耐环境应力好、良好的耐热老化性能和电气性能。

敷设：可直埋，适用于固定敷设，适应不同敷设环境（如地下、水中、沟管及隧道等）的需要。

（3）动力电缆：NH-VV

NH-VV 铜芯聚氯乙烯绝缘聚氯乙烯护套耐火电力电缆，适合于额定电压 0.6～1 kV。

特点：长期允许工作温度为 80 ℃。敷设时允许的弯曲半径要求单芯电缆不小于 20 倍电缆外径，多芯电缆不小于 12 倍电缆外径。在环境温度不低于 0 ℃的条件下，电缆在敷设时无须预先加热。电压敷设不受落差限制。

敷设：适用于有耐火要求的场合，可敷设在室内、隧道及沟管中。注意不能承受机械外力的作用，可直接埋地敷设。

（4）控制电缆：ZRC-KVVP

ZRC-KVVP 铜芯聚氯乙烯绝缘聚氯乙烯护套编织屏蔽控制电缆，适用于交流额定电压 450/750 V 及以下控制、监控回路及保护线路。

特点：长期允许工作温度为 70 ℃，最小弯曲半径不小于外径的 6 倍。

敷设：一般敷设在室内、电缆沟、管道等要求屏蔽、阻燃的固定场所。

（5）通信电缆：DJYVRP2-22

DJYVRP2-22 是计算机专用软电缆，适合用作额定电压 500 V 及以下，防干扰要求较高的电子计算机和自动化控制连接电缆。

特点：具有抗氧化性，绝缘电阻高，耐电压好，介电常数小。在确保使用寿命的同时，还能减少回路间的相互串扰和外部干扰，信号传输质量高。最小弯曲半径不小于电缆外径的 12 倍。

敷设：电缆允许在环境温度-40 ～50 ℃的条件下固定敷设使用，敷设于室内、电缆沟、管道等要求静电屏蔽的场所。

（6）通信电缆：RVVP

通信电缆 RVVP 又叫电气连接抗干扰软电缆，是适用于通信、音频、广播、防盗报警系统、消防系统等需防干扰、安全高效传输数据的电缆。

特点：额定工作电压 3.6～6 kV，电缆导线的长期允许工作温度为 90 ℃，最小允许弯曲半径为电缆外径的 6 倍。主要用来做通信电缆，起到抗干扰的作用。

敷设：RVVP 电缆不能在日光下暴晒，地线芯必须良好接地。如需抑制电气干扰强度的弱电回路通信电缆，应敷设于钢制管、盒中。与电力电缆平行敷设时的间距应满足规范要求，宜在可能的范围内远离。

（7）视频电缆：SYV

视频电缆 SYV 为实芯聚乙烯绝缘聚氯乙烯护套视频同轴电缆，用于视频信号传输。

特点：监控中常用的视频电缆主要是 SYV75-3 和 SYV75-5 两种，如果要传输视频信号在 200 m 内可用 SYV75-3，如果在 350 m 内则可用 SYV75-5。

3. 光伏发电系统电缆截面分析与选型

电缆截面的选择应满足允许温升、电压损失、机械强度等要求，直流系统电缆按电缆长期允许载流量进行选择，并按电缆允许压降校验。计算公式如下：

按电缆长期允许载流量 $I_{pc} \geqslant I_{cal}$

按回路允许电压降：$S_{cac}=\rho \times 2L \times I_{ca}/\Delta U_p$

式中，I_{pc} 为电缆允许载流量，单位为 A；I_{ca} 为计算电流，单位为 A；I_{cal} 为回路长期工作计算电流，单位为 A；S_{cac} 为电缆计算截面积，单位为 mm^2；ρ 为电阻系数，铜导体 ρ 值为 0.018 4 Ω · mm^2/m，铝导体 ρ 值为 0.031 5 Ω · mm^2/m；L 为电缆长度，单位为 m；ΔU_p 为回路允许电压降，单位为 V。

例如，有一个组件容量为 500 kW 的光伏发电系统，其采用的组件标称电流为 8 A，额定工作电压为 30 V，20 块组件串联组成一条组串支路，汇流箱规格为 12 进 1 出，500 kWp 三相逆变器标称电压为 270 V，变压器的规格为 500 kVA，升压至 10 kV 电网。这个光伏发电系统电缆选型规格如下：

（1）组串到汇流箱电缆：每条组串的电流为每块组件标称电流 8 A，可采用 PV1-F1×4 mm^2 电缆。

（2）汇流箱到直流柜电缆：汇流箱采用 12 进 1 出规格，汇流箱直流输出电流为 8 A×12=96 A，可采用 ZRC-YJV222×50 mm^2 电缆。

（3）直流柜到逆变器电缆：汇流箱输入到逆变器的直流电压为 30 V×20=600 V（额定工作电压为 30 V，20 块组件串联）；500 kW 的组件阵列通过汇流箱和直流配电柜汇流后总电流值为 500 kW/600 V=833 A，可采用 4×300 mm^2 或 6×185 mm^2 的电缆。

（4）逆变器到变压器电缆：根据 $P_{送}=\sqrt{3}\times I_0 \times U_0$，其中 $P_{送}$ 为逆变器功率（500 kW），I_0 为逆变器输出电流，U_0 为逆变器输出电压（270 V）。逆变器输出到变压器的电流值 I_0=1 068 A，可采用 2RC-YJV 226×300 mm^2 或 9×185 mm^2 电缆。

（5）变压器输出电缆：根据 $P_{变}=\sqrt{3}\times I_{变} \times U_{变}$，变压器输出电流 $I_{变}$=28.9 A，可采用 ZRC-YJV223×25 mm^2 电缆。

注意：电缆的载流量受敷设方式及周围环境影响较大，电缆的电压降受电缆长度的影响较大，所以载流量可以认为是电缆长期运行绝不可能超过的值，最好按电缆载流量的 70%～80%来选择电缆，才能有效地保证线路的温升及电压降。

4. 电缆选择与敷设总体要求

（1）光伏发电站电缆选择与敷设，应符合国家现行标准《电力工程电缆设计标准》GB 50217—2018 的规定，电缆截面积应进行技术经济比较后选择确定。

（2）集中敷设于沟道、槽盒中的电缆宜选用 C 类阻燃电缆。

（3）光伏组件之间及组件与汇流箱之间的电缆应有固定措施和防晒措施。

（4）电缆敷设可采用直埋、电缆沟、电缆桥架、电缆线槽等方式，动力电缆和控制电缆宜分开敷设。

（5）电缆沟不得作为排水通道使用。

（6）远距离传输时，通信电缆宜采用光纤电缆。

各类光伏电缆如图 4-1 所示。

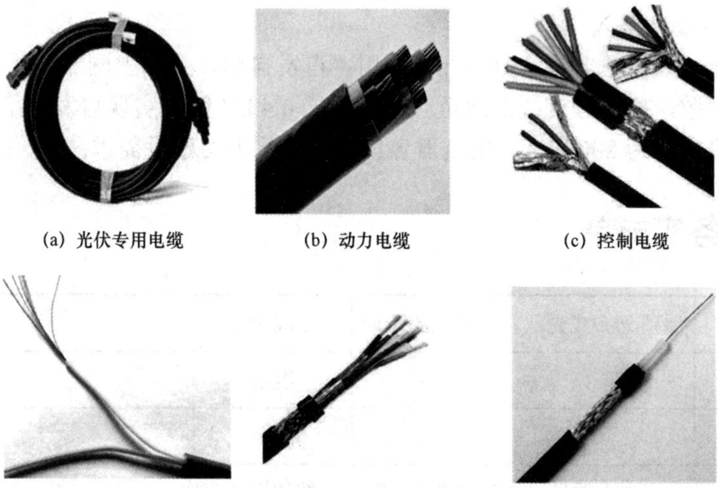

(a) 光伏专用电缆　(b) 动力电缆　(c) 控制电缆

(d) 通信电缆DJYVRP2-22　(e) 通信电缆RVVP　(f) 射频电缆SYV

图 4-1　光伏电缆对比图

4.1.4　任务实施

项目拟采用 580 Wp 组件串接，在站点累计安装 4 台 110 kW 的逆变器，逆变为交流 400 V 后通过各个汇集点分别接入用户升压变压器 0.4 kV 侧。

1. 光伏组件选择

本次选用的光伏组件参数如表 4-2 所示。

表 4-2　选用的组件参数表

太阳能电池种类	单晶硅电池	
太阳能电池组件型号	580 Wp	
指标	单位	数据
峰值功率	Wp	580
最大系统电压	V	1 500
开路电压 V_{oc}	V	49.6
短路电流 I_{sc}	A	13.86
最佳工作电压 V_{mppt}	V	41.64
最佳工作电流 I_{mppt}	A	12.97
峰值功率温度系数	%℃	−0.35
开路电压温度系数	%℃	−0.275
短路电流温度系数	%℃	0.045
首年功率衰减	%	2
第 2～25 年每年功率衰退	%	0.4
外形尺寸	mm	2 278×1 134×30

2. 电气方案及接入

本项目光伏装机总容量 410 kWp，采用“自发自用、余电上网”模式。考虑光伏安装位置相对分散，拟通过支线汇流至升压变压器 0.4 kV 侧，实现自发自用、余电上网。经调研变压器容量为 800 kVA，变压器容量满足光伏电站建设需求。

4.1.5 任务实施单

任务名称	屋顶分布式光伏发电系统的设计	完成时长	
班级		组别	
学号		姓名	
任务要求	完成本项目屋顶分布式光伏发电系统的设计工作		
实施过程记录			
任务实施总结			

4.1.6 任务验收单

任务名称	屋顶分布式光伏发电系统的设计		验收时间	
班级			组别	
学号			姓名	
任务要求	完成本项目屋顶分布式光伏发电系统的设计工作			
验收要点	序号	验收内容	验收结果	
	1	正确设计屋顶分布式光伏发电系统的光伏组件容量和选型		
	2	正确设计屋顶分布式光伏发电系统的逆变器等电气设备的参数和选型		
	3	正确设计屋顶分布式光伏发电系统的并网方案		
验收结果				

4.1.7　任务评价单

学生自我评价单

项目 4	屋顶分布式光伏发电系统	任务 4.1	屋顶分布式光伏发电系统的设计		
评价项目		8≤优≤10（分）	6≤良<8（分）	4≤中<6(分)	2<差<4（分）
1. 学习态度是否主动，能否及时完成教师布置的各项任务					
2. 是否完整地记录探究活动的过程，收集的有关信息和资料是否完整					
3. 能否根据学习资料对任务进行合理分析，并对所制定的方案进行可行性分析					
4. 是否能够完全领会教师的授课内容，并快速掌握技能					
5. 是否积极参与各种讨论，并能清晰地表达自己的观点					
6. 能否独立或合作完成任务					
7. 对出现的问题是否能主动思考，并使用现有知识进行解决，以及知道自己在某些知识方面的不足之处					
8. 是否通过任务训练达到学习目标					
9. 是否有安全、环保意识与团队合作意识					
10. 工作过程中是否能保持整洁、有序、规范的工作环境					
姓名		日期		总评	
任务总结					

学生互评单

项目 4	屋顶分布式光伏发电系统	任务 4.1	屋顶分布式光伏发电系统的设计
评价项目		评分	
1. 在组队中是否称职，能否按计划完成团队任务（20 分）			
2. 能否主动思考并解决问题（20 分）			
3. 是否完成任务（20 分）			
4. 是否有团队合作意识（20 分）			
5. 是否积极参与各种讨论，并能清晰地表达自己的观点（20 分）			
评价人		合计	
改进建议			

教师评价单

考核点	标准（分）	得分
任务方案准备与计划	20	
实施操作及团队协作	20	
知识和技能掌握情况	20	
数据记录与分析	20	
任务汇报与总结	20	
合计	100	

任务评价单

项目 4	屋顶分布式光伏发电系统	学生自评	学生互评	教师评分	总分
		30%	30%	40%	
任务 4.1	屋顶分布式光伏发电系统的设计				

4.1.8 自我评测

1. 分布式光伏发电系统的应用场景有哪些？
2. 简述并网逆变器的工作原理。
3. 简述光伏电缆的种类及各自特点。

课后习题

任务 4.2 屋顶分布式光伏发电系统的安装

学习目标

1. 知识目标

（1）掌握分布式光伏组件和支架的安装方法。

（2）掌握逆变器的安装方法。

2. 能力目标

（1）能完成分布式光伏组件和支架的安装。

（2）能完成逆变器的安装。

3. 素养目标

（1）树立质量与成本意识。

（2）培养实事求是、精益求精的精神。

（3）培育正确的劳动价值观、积极的劳动精神和良好的劳动品质。

4.2.1　任务引入

在安徽省滁州市某学校教学楼顶安装一套屋顶分布式光伏发电系统（市电 230 V 并网），屋顶可利用面积为 1 910 m²。请按照设计方案，完成该光伏发电系统的安装工作，重点完成光伏组件和支架、逆变器的安装。

4.2.2　任务工单

任务名称	屋顶分布式光伏发电系统的安装	指导教师	
班级		组别	
学号		姓名	
任务描述	计划在安徽省滁州市某学校教学楼顶安装一套屋顶分布式光伏发电系统（市电 230 V 并网），屋顶可利用面积为 1 910 m²。请完成该项目的安装工作。重点完成光伏组件和支架、逆变器的安装		
材料清单	设备：光伏电站建设实训设备 工具：相关施工工具		
知识点	1. 平面屋顶光伏组件和支架的安装方法和步骤 2. 逆变器的安装方法和步骤		
技能点	1. 使用工具安装光伏组件和支架 2. 使用工具安装逆变器		

4.2.3　知识点链接库

讲解视频

知识点 1　平面屋顶光伏组件和支架的安装

平面屋顶混凝土基础支架是目前平面屋顶光伏发电系统中最常用的安装形式，根据基础的形式可以分为条形基础和独立基础，支架支撑柱与基础的连接方式可以通过地脚螺栓连接或者直接将支撑柱嵌入混凝土基础。平面屋顶混凝土基础支架的优点是抗风能力好，可靠性强，不破坏屋顶防水结构；缺点是需要先制作好混凝土基础，并养护到足够强度才能进行后续支架安装，施工周期较长。平面屋顶混凝土基础支架适合户外或平面屋顶承受荷载较大的情况下使用。平面屋顶混凝土基础支架如图 4–2 所示。

图 4–2　平面屋顶混凝土基础支架

平面屋顶混凝土基础支架的结构如图 4–3 所示，图中 A 为负重部件，用于增加整体重量；B 为三角底梁，用于形成主支撑框架；C 为三角背梁，用于形成主支撑框架；D 为三角斜梁，用于形成主支撑框架；E 为后斜撑，用于支撑横梁；F 为横梁，用于固定支撑光伏组件；G 为拉杆，将横梁连接为整体；H 为压块组件，用于固定光伏组件。

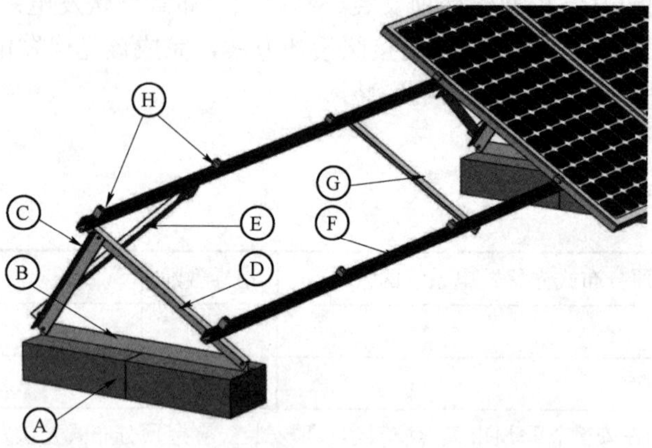

图 4–3　平面屋顶混凝土基础支架结构示意图

1. 安装步骤

步骤一：预制好水泥负重块，如图 4–4 所示。

步骤二：在平面屋顶上铺放水泥负重块，间距按图纸布置。

步骤三：在水泥负重块上安三角底梁，如图 4–5 所示。

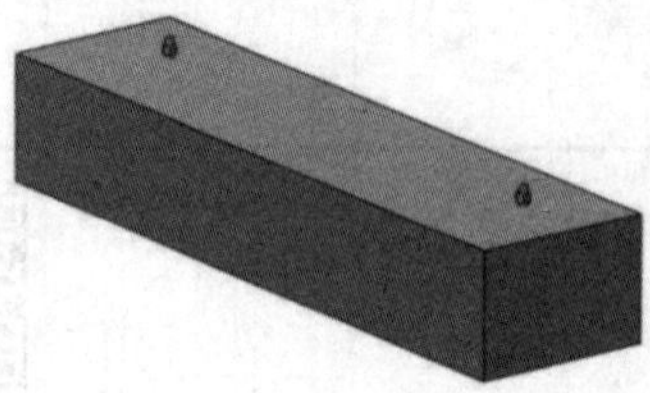

图 4–4　水泥负重块示意图

图 4–5　安装三角底梁后示意图

步骤四：使用六角螺栓将三角背梁、三角斜梁相互连接，并与三角底梁固定，如图 4–6 所示。

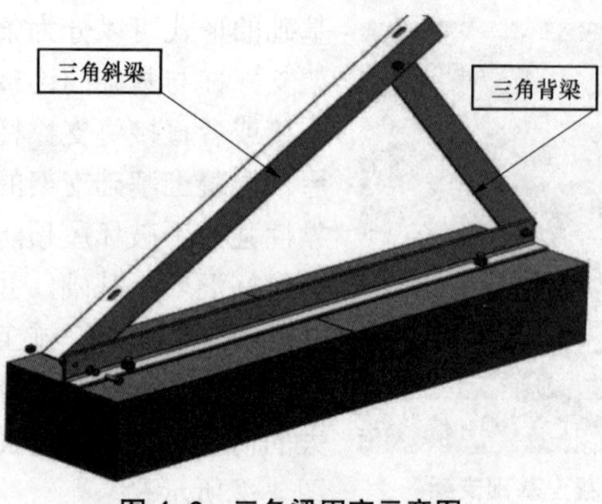

图 4–6　三角梁固定示意图

步骤五：依次将所有的支撑柱都安装好。

步骤六：安装横梁，使用 M10 ×40 mm 外六角螺栓组合固定，并在横梁内加止动垫片，如图 4-7 所示。

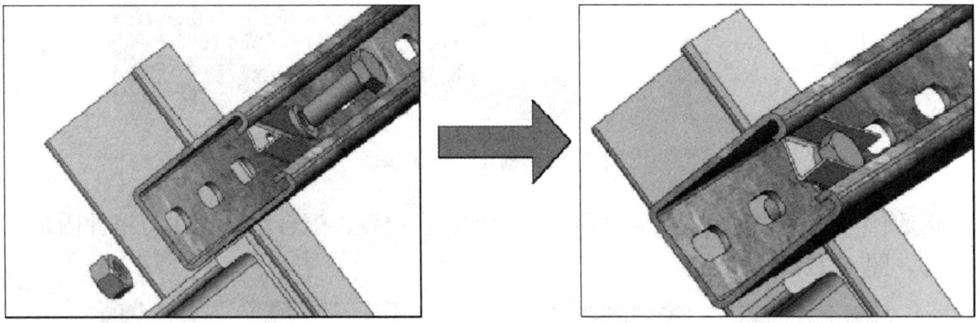

图 4-7　横梁固定示意图

步骤七：依次在三角支架上装好横梁，如图 4-8 所示。

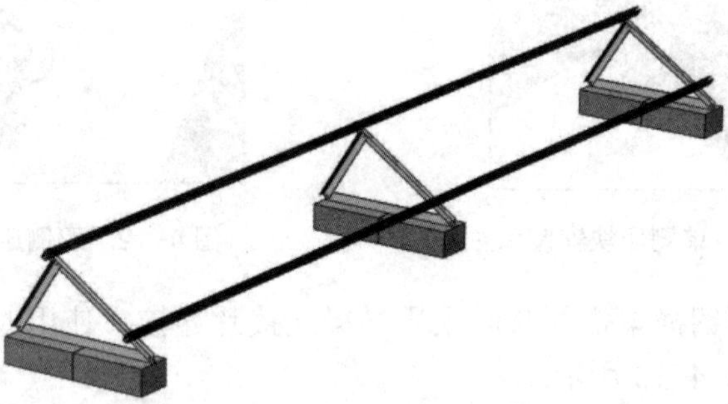

图 4-8　横梁安装示意图

步骤八：在三角背梁上安装后斜撑，用后斜撑支撑件与横梁相连，使用六角螺栓固定，与横梁连接时加止动垫片，如图 4-9 所示。

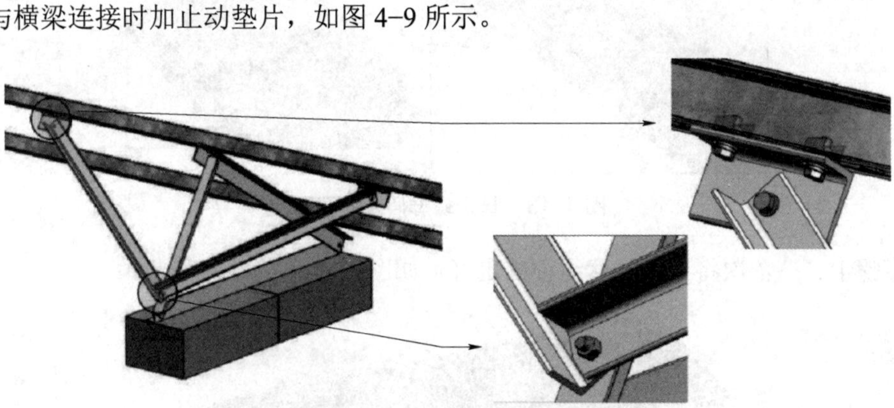

图 4-9　六角螺栓固定示意图

步骤九：在每跨居中位置用拉杆将两横梁连接，如图 4-10 所示，用六角螺栓、止动垫片固定。跨距小于 3 000 mm 时，不安装拉杆与后斜撑。

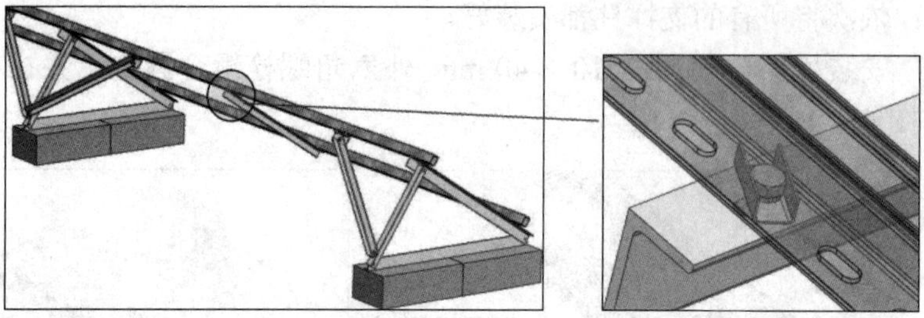

图 4-10　横梁连接示意图

步骤十：将长条螺母插入横梁中，移动到适当位置，配合单侧压块将组件固定，如图 4-11、图 4-12 所示。

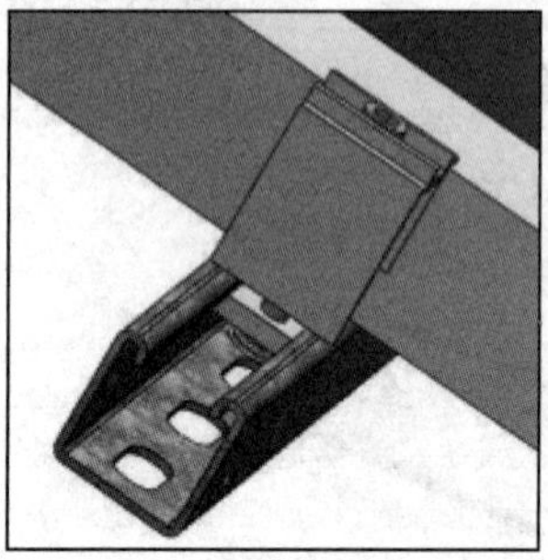

图 4-11　单侧压块安装示意图

图 4-12　双侧压块安装示意图

步骤十一：C 型钢横梁需加长时采用横梁连接片连接，使用 M10×40 mm 螺栓，止动垫片固定，如图 4-13 所示。

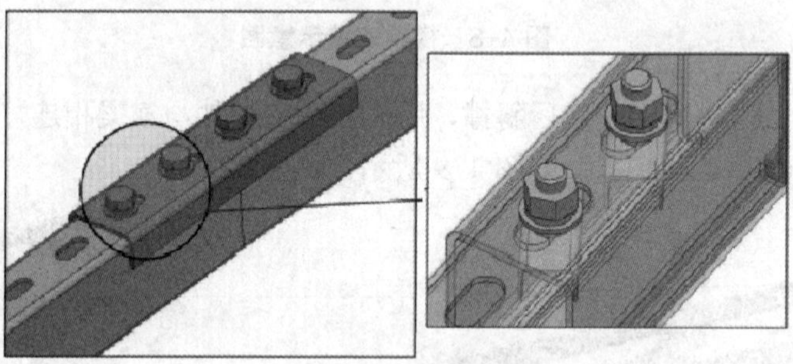

图 4-13　长条螺母插入示意图

步骤十二：依次将其余光伏组件固定好，如图 4-14 所示。

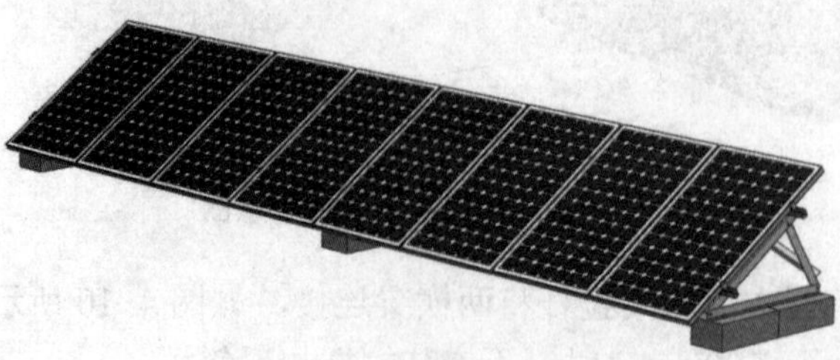

图 4-14　组件固定示意图

2. 安装时的注意事项

（1）支架在吊装、运输过程中应做好防震、防弯和防漆面受损等保护措施。当制造厂有特殊要求时，应按照制造厂的要求进行吊装和运输。

（2）支架到场后应检查外观及漆面是否完好无损，检查型号、规格及材质是否符合设计图样要求，附件、备件是否齐全。

（3）支架安装前，安装单位应按照光伏阵列土建基础“中间交接验收签证单”的技术要求对水平偏差和定位轴线的偏差进行查验，不合格的项目应进行整改后，再进行安装。

（4）支架安装和紧固。钢构件拼装前应检查并清除飞边、毛刺、焊接飞溅物等，摩擦面应保持干燥、整洁，拼装工作不宜在雨雪环境下进行。支架的紧固度应符合设计图样要求及《钢结构工程施工质量验收标准》（GB 50205—2020）的相关要求。支架主要构件就位后将螺栓穿入孔内，初拧作临时固定，同时进行垂直度校正和最后固定，支架垂直度用挂线锤检查。主要构件经校正后，即可安装各类支撑及连接件等，并终拧螺栓作最后固定。螺栓的连接和紧固应按照其规格和设计图要求的数目和顺序穿放，不应强行敲打，不应气割扩孔。

（5）支架安装的垂直度和角度。用水平靠尺和挂线锤现场测量，支架垂直度（每米）偏差不应大于 1 mm。立柱安装标高偏差不应大于 5 mm，轴线前后偏差不应大于 5 mm，左右偏差不应大于 5 mm。用量角器现场测量，支架角度偏差不应大于±0.5°。

（6）安装调整。整套支架安装完成后，用施工线、钢卷尺和扳手现场调整。检测支撑光伏组件的支架构件倾角和方位角偏差是否符合设计要求。

知识点 2　逆变器的安装

逆变器的安装步骤如下。

步骤一：检验光伏逆变器来料

开箱检查产品配件、安装工具及零件是否齐全，安装环境是否符合要求，配件如图 4-15 所示。

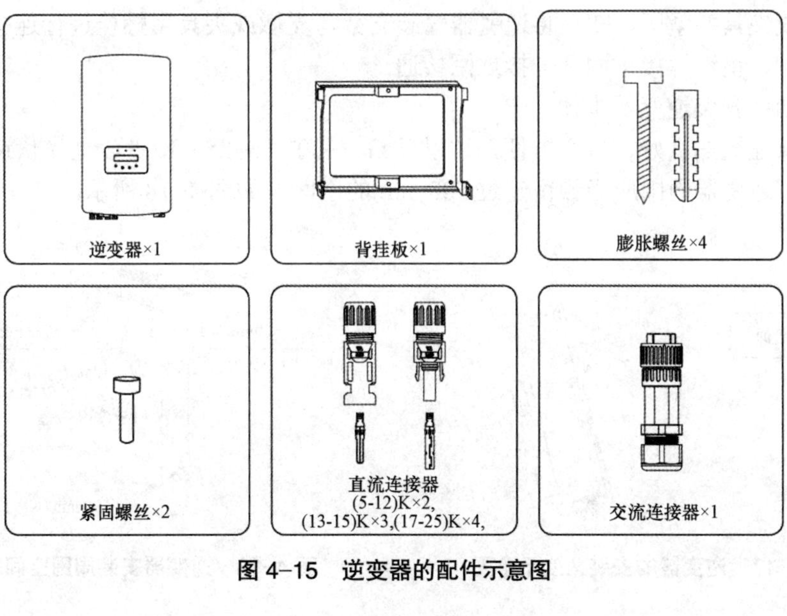

图 4-15　逆变器的配件示意图

步骤二：选择安装环境

如果逆变器直接暴露在阳光下会导致其运行温度过高，从而影响转换效率，因此尽量选择在无阳光直射和淋雨的位置进行安装。为避免机器过热，在选择安装位置时必须考虑其周围空气温度，当逆变器周围环境温度超过 40 ℃时，建议使用遮阳板以减少阳光直射。为防止电气设备导致火灾，不要把逆变器安装在充满高度可燃性物质或气体的地方，也不要把逆变器安装在可能有爆炸危险的环境中。

步骤三：选择安装位置，如图 4-16 所示。

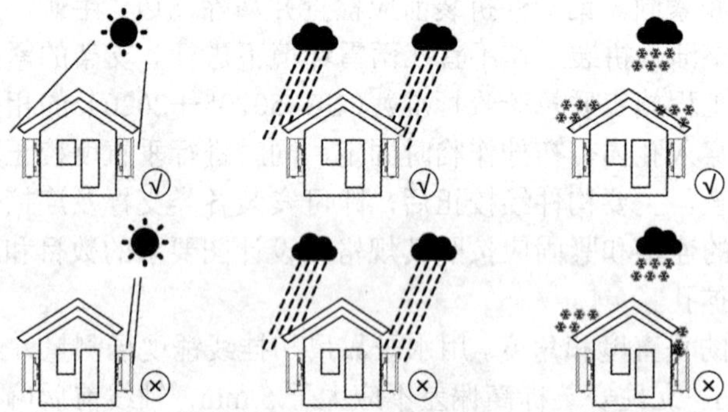

图 4-16　逆变器安装推荐位置和不推荐位置示意图

安装逆变器时，需考虑状态指示灯及液晶显示屏的可见性。逆变器需安装在固体表面上，由于设备运行会产生噪声，不要安装在石膏等材质的墙体上，以避免振动而引起的声响，如果逆变器安装在住宅区，应该固定在混凝土墙上，不推荐安装在木制或塑料板墙壁。逆变器适合安装在垂直和向后倾斜的墙上，但墙体向后倾斜的角度不能超过 15°（水平夹角 75°），如图 4-17 所示。不要将逆变器安装在向前倾斜的墙上或将逆变器安装在水平面上。

如果没有现成的安装依托可用，可设置安装逆变器的基础。根据施工图及现场实际情况选择基础的位置，然后针对不同屋面情况（混凝土结构屋面和彩钢瓦屋面）放置逆变器支墩或夹具并紧固，随后将逆变器安装支架与支墩或夹具用螺栓进行连接紧固，用电焊将角钢、垫铁焊接牢固并与接地网接通。

步骤四：安装逆变器本体

为了保证散热良好、拆卸方便，这里以 GCI-3 P（5-25）K-5 G 型光伏逆变器为例进行介绍。逆变器周围应当预留超过 500 mm 的空间，如图 4-18 所示。

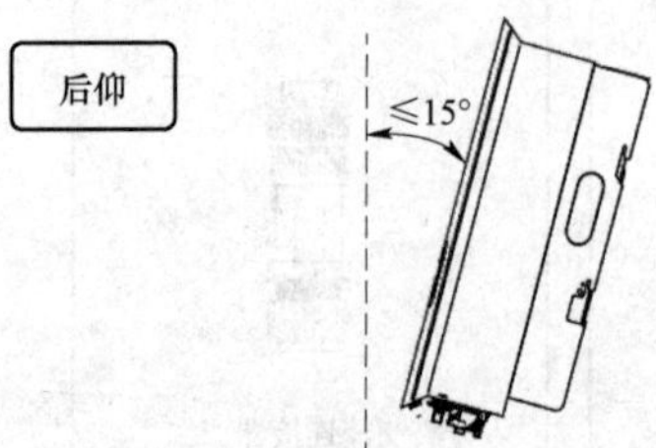

图 4-17　逆变器的安装角度示意图

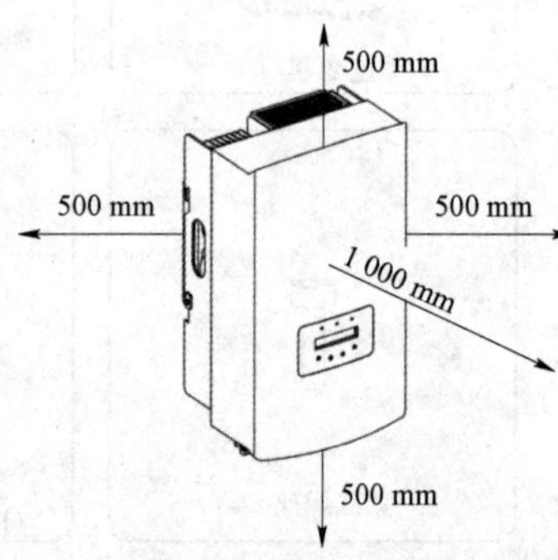

图 4-18　逆变器安装周围空间距离

（1）安装背挂板

挂板孔打四个膨胀螺栓孔（ST6.3×60 十字槽六角头自攻螺钉，HJ0108 10×50 mm 鱼型膨胀管），使用 10 mm 型号钻头的冲击钻打孔时要保持钻头与墙面垂直，双手紧握手柄，把握好方向，不要摇晃，以免破坏墙面，造成孔倾斜。钻孔深度应为 60 mm。去除孔内灰尘后测量孔深，保持孔深一致。确保支架是水平的，安装孔是正确标记的。通过标记处钻入墙，用十字螺丝刀将膨胀螺丝拧进膨胀螺母，固定背挂板，如图 4-19 所示。

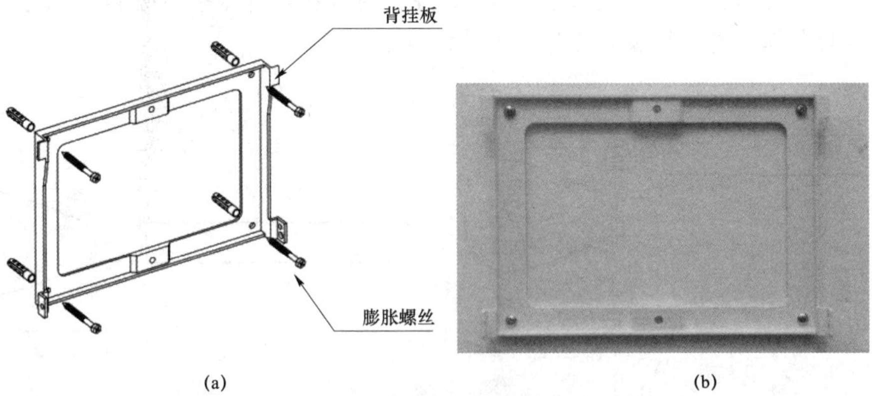

图 4-19　背挂板安装示意图

（2）挂装逆变器

将逆变器抬起，挂在背挂板上，使用紧固螺丝将逆变器两侧固定在背挂板上，如图 4-20 所示。

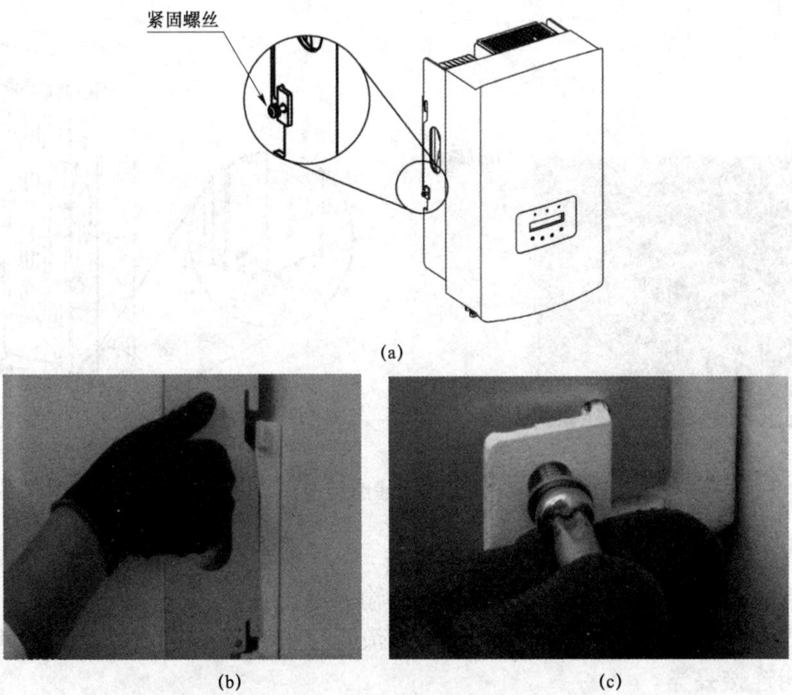

图 4-20　挂装逆变器示意图

步骤五：进行电气连接

（1）连接保护地线

为了有效保护逆变器，必须同时采用两种接地方式。需确保交流接地线和外部接地端子均可靠接地。准备横截面积≥6 mm^{2}的户外铜芯线缆作为接地线缆和 M4 规格的 OT 端子，利用剥线钳将接地线缆的绝缘层剥去适合的长度，如图 4–21 所示。B（绝缘层剥线长度）要比 A（OT 端子线缆压接区域）长 2 ~3 mm，将剥去绝缘层的线芯穿入 OT 端子的导体压接区内，并用液压钳压紧，端子的导体压接片压接后所形成的腔体应完全将线缆导体包覆，并且线缆导体与端子结合紧密。

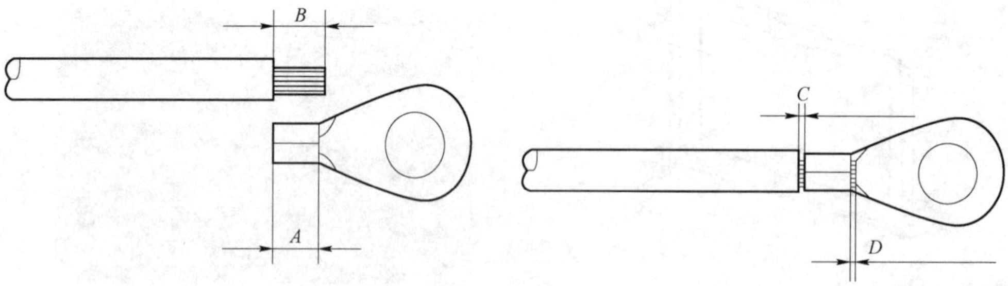

(a) (b)

图 4–21 剥线长度示意图

将接地位置处的螺钉拧下，用接地位置的螺钉将制作好的接地线缆固定，并用十字螺丝刀将螺钉紧固，紧固力矩为 2 N • m。为了提高接地端子的防腐性能，建议在接地线缆安装完成后，在接地端子外部涂抹硅胶或刷漆，以进行防护，如图 4–22 所示。

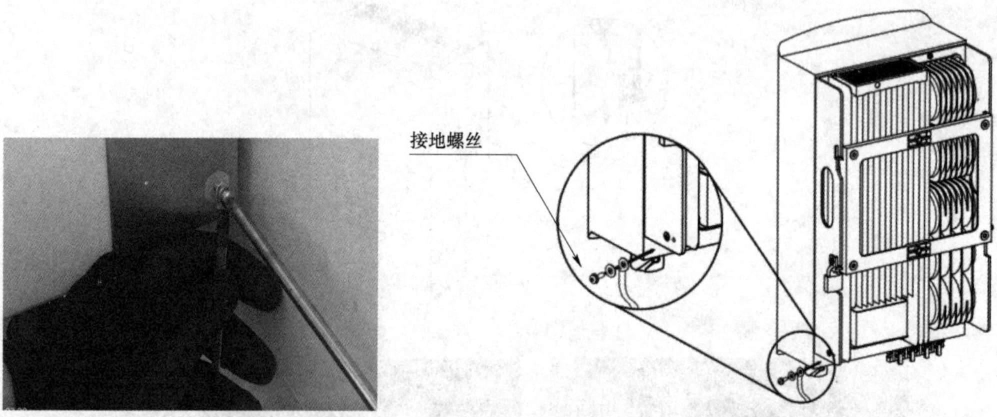

(a) (b)

图 4–22 线缆固定

（2）直流输入端电气连接

连接直流线缆前，先用万用表测量直流输入的光伏电压，区分正负极，并确保直流电压在机身铭牌标注的容许范围内。将直流连接器连接到逆变器，听到轻微的“咔嗒”声证明连接妥当。

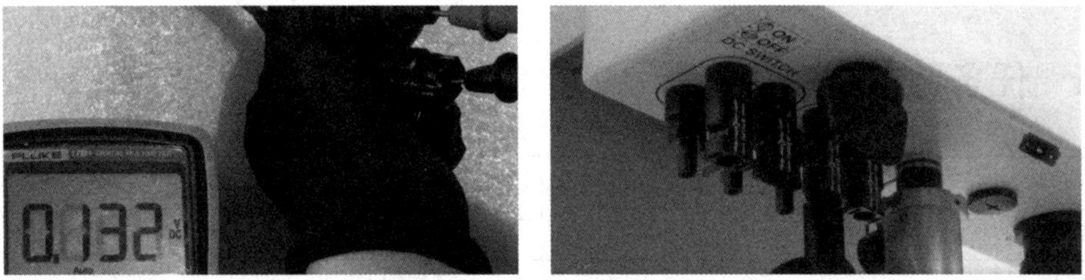

(a)　　　　　　　　　　(b)

图 4-23　直流输入端电气连接

（3）交流输出端电气连接

将交流连接器连接到逆变器上，然后向右旋转交流连接器，听到轻微的“咔嗒”声表示连接妥当，如图 4-24 所示。

图 4-24　交流输出端电气连接

步骤六：逆变器安装后的检查

对照逆变器的设计原理图、接线图，复查并网逆变器内的接线是否正确，线号是否和图纸上一致，线束是否扎牢。接触器触点应紧密可靠动作灵活。固定和接线用的紧固件、接线端子应完好无损。对逆变器接线应编号，端接线进行明确标识。接地线应连接牢固，不应串联接地。

4.2.4　任务实施

结合实训设备，完成屋顶分布式光伏发电系统的安装工作。

1. 完成支架的安装工作。
2. 完成光伏组件的安装工作。
3. 完成逆变器的安装工作。

4.2.5　任务实施单

任务名称	屋顶分布式光伏发电系统的安装	完成时长	
班级		组别	
学号		姓名	
任务要求	完成屋顶分布式光伏发电系统的安装工作		
实施过程记录			
任务实施总结			

4.2.6 任务验收单

任务名称	屋顶分布式光伏发电系统的安装		验收时间	
班级			组别	
学号			姓名	
任务要求	完成屋顶分布式光伏发电系统的安装工作			
验收要点	序号	验收内容		验收结果
	1	规范且正确安装支架		
	2	规范且正确安装光伏组件		
	3	规范且正确安装逆变器		
验收结果				

4.2.7 任务评价单

学生自我评价单

项目 4	屋顶分布式光伏发电系统	任务 4.2	屋顶分布式光伏发电系统的安装	
评价项目	8≤优≤10（分）	6≤良<8（分）	4≤中<6（分）	2<差<4（分）
1. 学习态度是否主动，能否及时完成教师布置的各项任务				
2. 是否完整地记录探究活动的过程，收集的有关信息和资料是否完整				
3. 能否根据学习资料对任务进行合理分析，并对所制定的方案进行可行性分析				
4. 是否能够完全领会教师的授课内容，并快速掌握技能				
5. 是否积极参与各种讨论，并能清晰地表达自己的观点				
6. 能否独立或合作完成任务				
7. 对出现的问题是否能主动思考，并使用现有知识进行解决，以及知道自己在某些知识方面的不足之处				
8. 是否通过任务训练达到学习目标				
9. 是否有安全、环保意识与团队合作意识				
10. 工作过程中是否能保持整洁、有序、规范的工作环境				
姓名		日期		总评
任务总结				

学生互评单

项目 4	屋顶分布式光伏发电系统	任务 4.2	屋顶分布式光伏发电系统的安装
评价项目			评分
1. 在组队中是否称职，能否按计划完成团队任务（20 分）			
2. 能否主动思考并解决问题（20 分）			
3. 是否完成任务（20 分）			
4. 是否有团队合作意识（20 分）			
5. 是否积极参与各种讨论，并能清晰地表达自己的观点（20 分）			
评价人		合计	
改进建议			

教师评价单

考核点	标准（分）	得分
任务方案准备与计划	20	
实施操作及团队协作	20	
知识和技能掌握情况	20	
数据记录与分析	20	
任务汇报与总结	20	
合计	100	

任务评价单

项目 4	屋顶分布式光伏发电系统	学生自评	学生互评	教师评分	总分
		30%	30%	40%	
任务 4.2	屋顶分布式光伏发电系统的安装				

4.2.8　自我评测

课后习题

1. 简述屋顶光伏组件和支架安装的注意事项。
2. 简述逆变器安装的主要步骤。
3. 简述逆变器安装的注意事项。

任务 4.3 屋顶分布式光伏发电系统的运行维护

学习目标

1. 知识目标

（1）掌握光伏组件清洗维护方法。

（2）掌握光伏组件更换维护方法。

2. 能力目标

（1）能进行光伏组件的清洗。

（2）能进行光伏组件的更换。

3. 素养目标

（1）树立质量与成本意识。

（2）培养实事求是、精益求精的精神。

（3）培育正确的劳动价值观、积极的劳动精神和良好的劳动品质。

4.3.1 任务引入

在安徽省滁州市某学校教学楼顶设计一套屋顶分布式光伏发电系统（市电 230 V 并网），屋顶可利用面积为 1 910 m²。请开展该光伏发电系统的运行维护工作，重点完成光伏组件的清洗和更换。

4.3.2 任务工单

任务名称	屋顶分布式光伏发电系统的运行维护	指导教师	
班级		组别	
学号		姓名	
任务描述	在安徽省滁州市某学校教学楼顶设计一套屋顶式分布式光伏发电系统（市电 230 V 并网），屋顶可利用面积为 1 910 m²。该项目的光伏发电系统已完成施工和安装工作，请开展该项目光伏发电系统的相关运行维护工作		
材料清单	设备：光伏电站建设及运维实训设备 工具：扳手、万用表、剥线钳、压线钳等 耗材：导线等		
知识点	1. 光伏组件清洗的工作内容和注意事项 2. 光伏组件更换的工作内容和注意事项		
技能点	1. 使用相关工具进行光伏组件的清洗工作 2. 使用相关工具和仪表进行光伏组件的更换工作		

4.3.3　知识点链接库

知识点 1　光伏组件的清洗

1. 光伏组件清洗的目的

积灰、积雪会影响光伏组件发电量；落叶、泥土、鸟粪会造成光伏组件阴影或局部遮挡，甚至可能产生热斑效应，如图 4–25 所示。

(a)

(b)

图 4–25　光伏组件遮挡图

2. 光伏组件需要清洗的情况

（1）目测电池板表面较脏时则需要安排清洗。

（2）同一时间用高精度直流电能表实时测量 2 个组串的电量及 2 个清洗后的组串的电量，两个电量的对比值相差 4%以上则需要安排清洗。

3. 清洗时间选择

应在辐照度低于 200 W/m^2 的情况下清洁光伏组件。包括清晨、傍晚和光线较弱的阴雨天，以及无大风、大雨、大雪等天气。

4. 组件清洗方法

环境气温较低，宜采用人工超细纤维擦洗的方式，如图 4–26 所示。超细纤维必须及时更换，避免伤及组件。

图 4–26　人工超细纤维擦洗

环境气温较高时，宜采用清水清洗的方式。压力水流清洁时，组件玻璃表面的水压不得超过光伏组件厂家规定范围。

（1）清洗工具：柔软洁净的布料。

（2）清洗液体：液体温度与组件温度温差不宜过大。

（3）气候条件：风力大于 4 级，大雨、大雪等气象条件禁止清洗。

（4）严禁清洗组件背面。

（5）严禁组件承受额外的外力。

（6）防止外力等机械碰压电池组件。

（7）电池板组件不可使用压力风吹扫，以防止风压致组件损坏。

5. 光伏组件清洗验收标准

（1）目视电池板整体外观清洁、明亮、无污渍。

（2）抽样检查电池板表面无积灰。

（3）用手轻轻触摸电池板表面无粉尘。

（4）抽查组串电流，同辐照量下对比，组串电流升高。

（5）距组件 1.5 m 内看不到电池板有尘土。

知识点 2　光伏组件的更换

1. 光伏组件更换条件

（1）光伏组件出现表面玻璃破碎、明显颜色变化、背板灼烧、起泡等情况，需要更换。光伏组件破损图如图 4-27 所示。

(a)

(b)

图 4-27　光伏组件破损图

（2）当光伏组件运行时间较长，输出功率衰减超过规定的正常水平时，需要更换光伏组件。光伏组件功率平均衰减率正常值如表 4-3 所示。

表 4-3　组件功率平均衰减率正常值

组件类型	1 年	3 年	5 年	10 年	25 年
单晶硅组件	0.5%～1.88%	1.5%～2.5%	2.5%～4%	4%～7%	≤20%
多晶硅组件	2%～2.5%	4%～5%	6%～7.5%	10%～12.5%	20%～25%
非晶硅组件	1%～2%	3%～6%	5%～10%	10%～12%	≤20%

2. 光伏组件更换要求

（1）更换为全新的光伏组件时，宜选用与被更换光伏组件为同一规格的光伏组件，且光伏组件具有出厂检验合格报告。

（2）更换组件为原有回收再利用光伏组件时，其规格宜与被更换的光伏组件一致，且经过测试，待更换的光伏组件宜与相邻光伏组件具有一致的电气特性。

3. 光伏组件更换操作要求

（1）更换前应核对更换光伏组件与被更换光伏组件标签，查验其规格是否统一。

（2）断开组件对应汇流箱或逆变器直流侧开关，悬挂警示牌，如图 4–28 所示。

(a)

(b)

图 4–28　逆变器悬挂警示牌

（3）更换过程中，与被更换光伏组件相邻的光伏组件插接头应固定，保证其安全可靠断开。

（4）拆卸被更换光伏组件的过程中，应采取防止光伏组件滑落的措施；当光伏组件有破碎部分，不应接触该破碎部分，应对破碎组件进行覆盖遮挡，防止发生触电或电弧灼伤事故。

（5）更换光伏组件安装前，应检查光伏组件支架是否弯曲或破损。

（6）更换组件安装后，检查固定螺钉的紧固情况和边框保护接地线的连接情况，如图 4–29 所示；同时检查相邻光伏组件边缘高差偏差应符合 GB 50794—2012 的规定，超出时应调整，如图 4–30 所示。

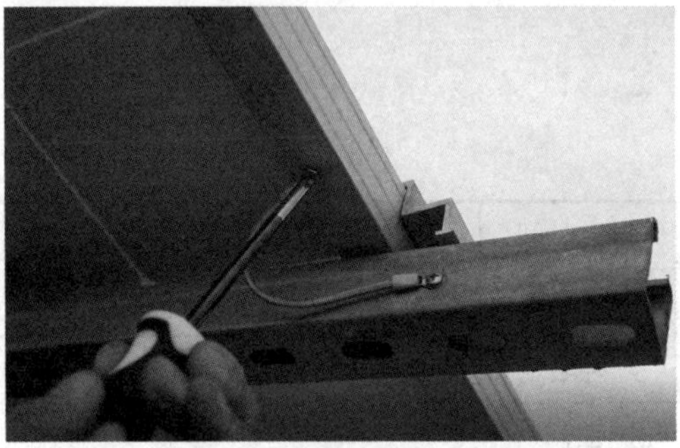

图 4–29　光伏组件边框保护接地

图 4–30　光伏组件边缘高差偏差

（7）更换工作完成后，应记录该更换光伏组件在光伏阵列中的安装位置。

4.3.4　任务实施

结合实训设备，完成本项目屋顶分布式光伏发电系统的运行维护工作。

1. 进行光伏组件的清洗。
2. 进行光伏组件的更换。

4.3.5 任务实施单

任务名称	屋顶分布式光伏发电系统的运行维护	完成时长	
班级		组别	
学号		姓名	
任务要求	完成屋顶分布式光伏发电系统系统的运行维护工作		
实施过程记录			
任务实施总结			

4.3.6 任务验收单

任务名称	屋顶分布式光伏发电系统的运行维护		验收时间	
班级			组别	
学号			姓名	
任务要求	完成屋顶分布式光伏发电系统的运行维护工作			
验收要点	序号	验收内容		验收结果
	1	规范完成光伏组件的清洗工作		
	2	规范完成光伏组件的更换工作		
验收结果				

4.3.7　任务评价单

学生自我评价单

项目 4	屋顶分布式光伏发电系统	任务 4.3	屋顶分布式光伏发电系统的运行维护	
评价项目	8≤优≤10（分）	6≤良<8（分）	4≤中<6（分）	2<差<4（分）
1. 学习态度是否主动，能否及时完成教师布置的各项任务				
2. 是否完整地记录探究活动的过程，收集的有关信息和资料是否完整				
3. 能否根据学习资料对任务进行合理分析，并对所制定的方案进行可行性分析				
4. 是否能够完全领会教师的授课内容，并快速掌握技能				
5. 是否积极参与各种讨论，并能清晰地表达自己的观点				
6. 能否独立或合作完成任务				
7. 对出现的问题是否能主动思考，并使用现有知识进行解决，以及知道自己在某些知识方面的不足之处				
8. 是否通过任务训练达到学习目标				
9. 是否有安全、环保意识与团队合作意识				
10. 工作过程中是否能保持整洁、有序、规范的工作环境				
姓名		日期		总评
任务总结				

学生互评单

项目 4	屋顶分布式光伏发电系统	任务 4.3	屋顶分布式光伏发电系统的运行维护
评价项目		评分	
1. 在组队中是否称职，能否按计划完成团队任务（20 分）			
2. 能否主动思考并解决问题（20 分）			
3. 是否完成任务（20 分）			
4. 是否有团队合作意识（20 分）			
5. 是否积极参与各种讨论，并能清晰地表达自己的观点（20 分）			
评价人		合计	
改进建议			

教师评价单

考核点	标准（分）	得分
任务方案准备与计划	20	
实施操作及团队协作	20	
知识和技能掌握情况	20	
数据记录与分析	20	
任务汇报与总结	20	
合计	100	

任务评价单

项目 4	屋顶分布式光伏发电系统	学生自评	学生互评	教师评分	总分
		30%	30%	40%	
任务 4.3	屋顶分布式光伏发电系统的运行维护				

4.3.8 自我评测

1. 简述光伏组件清洗的主要方法。
2. 简述光伏组件清洗的验收标准。
3. 简述光伏组件更换的主要操作要求。

课后习题

案例拓展

某家庭用分布式光伏电站，建设在屋顶，面积约为 30 m^2，采用 285 Wp 光伏组件 11 块组成，总功率 3.135 kW。系统采用 1 台 2 kW 光伏逆变器，接入 220 V 线路送入业主原有室内进户配电箱，再经由 220 V 线路与业主室内低压配电网进行连接，即可送电进入市电网。

逆变器最大直流电压为 550 V，最大功率电压跟踪范围为 70～550 V，MPPT 路数为 1 路/1 并。每个光伏组件额定工作电压为 31.8 V，开路电压为 39.0 V，在环境温度为（25±2）℃、太阳辐照度为 1 000 W/m^2 的额定工况下，11 块光伏组件串联的串联支路额定电压为 349.8 V，开路电压 429.0 V，均在逆变器允许输入范围内，可确保正常工作。

在工况变化时，考虑平均极端环境温度为−10 ℃，光伏组件串的最大功率点工作电压为 11×31.8×（0.35%×35+1）=393 V，满足 550 V 最高满载 MPPT 点的输入电压要求；极端最高环境温度为 42 ℃时，光伏组件的工作电压为 11×31.8×（−0.35%×17+1）=329 V，满足 70 V 最低 MPPT 点的输入电压要求。

分布式 3.0 kW 系统的配置如表 4−4 所示。

表 4-4　分布式 3.0 kW 系统配置

序号	名称	型号	规格	数量
1	组件	多晶硅	8.97 A	11 块
2	支架			
3	并网逆变器	3000-S	3 kW，70～550 V	1 台
4	直流电缆	光伏电缆	4 mm^2/1 000 V	
5	交流电缆	交流电缆	2.5 mm^2/500 V	
6	交流开关	微型断路器	16 A/500 V	1 台

课后项目

江苏省无锡市某小区计划在楼顶屋面建设分布式光伏电站，小区内有 4 栋建筑，每栋建筑屋面尺寸为 90 m×48 m，屋面设计荷载标准值为 2 kN/m^2，屋面为斜坡，坡度为 3%。请完成该项目设计和安装。

项目 5
集中式光伏并网发电系统

项目说明

集中式光伏并网发电系统主要应用于太阳能资源丰富的地区，如我国西北部（新疆、青海、甘肃等）的荒漠、戈壁及大型荒山区域。这类系统通过大规模铺设光伏阵列，配合升压站和高压输电线路，将电能直接并入国家电网。其核心优势在于规模效应显著，单位成本低，发电效率高。近年来，国家推动的“沙戈荒”大型光伏基地建设成为典型应用，配套储能和智能调控技术逐步完善，有效缓解了光伏发电间歇性问题，并助力实现“双碳”目标。同时，部分项目结合生态修复（如光伏治沙），实现能源开发与环境保护协同发展。

本项目要求设计并建设完成一个集中式光伏并网发电系统，实现光伏电站并网发电。计划容量 10 MWp，建设地点位于甘肃省敦煌市，整体工程占地约 43.55 万 m^2。

任务 5.1　集中式光伏并网发电系统的设计

学习目标

1. 知识目标

（1）掌握直流汇流箱的结构和功能。

（2）掌握直流配电柜的结构和功能。

（3）掌握交流配电柜的结构和功能。

（4）掌握变压器的结构和功能。

2. 能力目标

（1）能完成直流汇流箱的选型。

（2）能完成直流配电柜的选型。

（3）能完成交流配电柜的选型。

（4）能完成变压器的选型。

3. 素养目标

（1）提高自主学习能力。

（2）树立质量与成本意识。

（3）增强民族自信。

（4）培养查阅和应用国家标准的能力。

5.1.1　任务引入

本项目要求设计一个集中式光伏并网发电系统，实现光伏电站并网发电。计划容量 10 MWp，建设地点位于甘肃省敦煌市，整体工程占地约 43.55 万 m^2。

5.1.2　任务工单

任务名称	集中式光伏并网发电系统的设计	指导教师	
班级		组别	
学号		姓名	
任务描述	设计一个集中式光伏并网发电系统，实现光伏电站并网发电。计划容量 10 MWp，建设地点位于甘肃省敦煌市，整体工程占地约 43.55 万 m^2		
材料清单	设备：光伏电站建设及运维实训设备 工具：计算机		
知识点	1. 直流汇流箱 2. 直流配电柜 3. 交流配电柜 4. 变压器 5. 防雷与接地设计		
技能点	1. 使用软件设计光伏发电系统 2. 使用绘图软件绘制相关图纸		

5.1.3　知识点链接库

知识点 1　直流汇流箱

在光伏发电系统中，为了减少光伏阵列与逆变器之间的连线，以方便维护，提高可靠性，一般在光伏阵列与逆变器之间增加直流汇流箱，如图 5-1 所示。用户可以将一定数量、规格相同的光伏组件串联起来，组成一个个光伏串列，然后再将若干个光伏串列并联接入光伏阵列的直流汇流箱，在直流汇流箱里配置了光伏专用的直流防雷模块、直流熔断器和断路器等。

1. 直流汇流箱内部结构

直流汇流箱由分路开关、主开关、避雷防雷器件、接线端子等构成，同时该汇流箱还具有电流检测模块，用于检测汇流箱每路输入电流情况，便于判断每路光伏阵列是否正常工作。如图 5–2 所示。

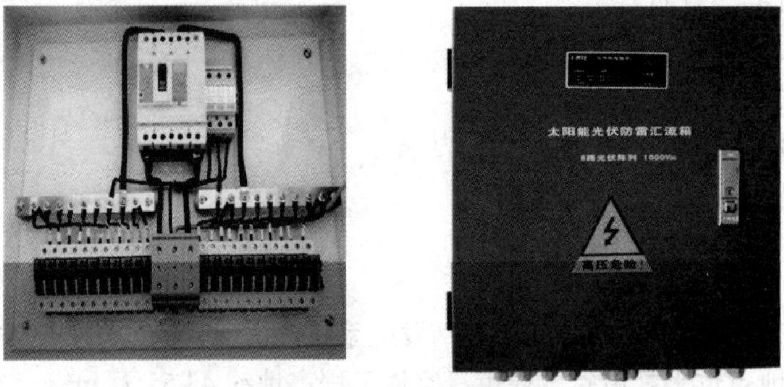

图 5–1　光伏阵列直流汇流箱内部实物和外形图

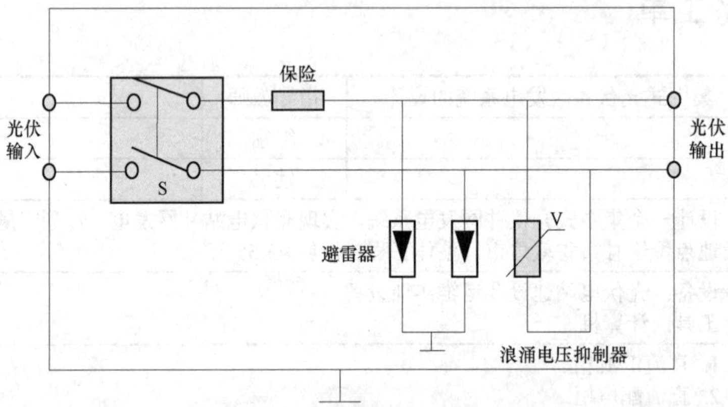

图 5–2　直流汇流箱内部结构示意图

2. 直流汇流箱参数

（1）直流汇流箱须满足室外安装的使用要求，绝缘防护等级要达到 IP54。

（2）同时可接入 6 路以上的太阳能电池串列。

（3）每路电流最大可达 10 A，接入最大光伏串列的开路电压值可达 DC 900 V，熔断器的耐压值不小于 DC 1 000 V。

（4）每路光伏组串具有二极管防反保护功能，配有光伏专用避雷器，正极负极都具备防雷功能，采用正负极分别串联的四极断路器提高直流耐压值，可承受的直流电压值不小于 DC 1 000 V。

（5）直流汇流箱还装设有浪涌保护器，具有防雷功能。

知识点 2　直流配电柜

1. 直流配电柜结构

直流配电柜主要用于中、大型太阳能光伏发电系统中，其作用是将太阳能光伏阵列的多路输出电缆集中输入、分组连接，不仅使连线井然有序，而且便于分组检查、维护，当光伏阵列局部发生故障时，可以局部分离检修，不影响整体发电系统的连续工作。

直流配电柜主要是将直流汇流箱输出的直流电源进行汇流，再接到逆变器上。直流配电柜主要包括直流输入断路器、防雷器、防反二极管和电压表等。其原理如图 5-3 所示。

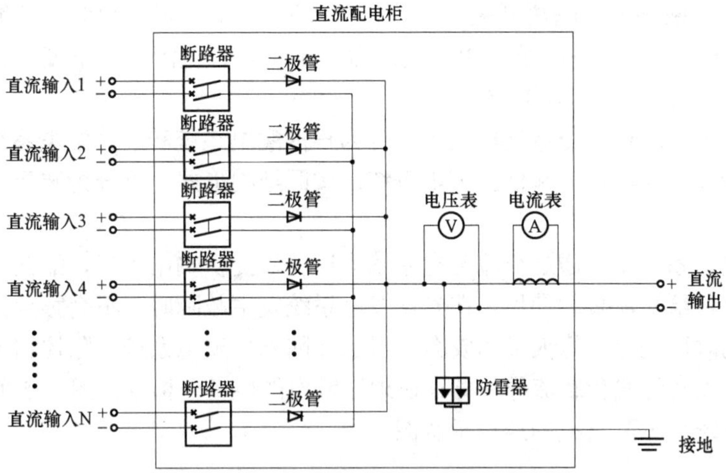

图 5-3　直流配电柜原理示意图

2. 直流配电柜参数与选配

（1）每路最大输入电流，指的是每条支路允许流过的最大电流值，由汇流箱输出的最大电流决定。如最大输入电流为 40 A。

（2）输入路数，指的是直流配电柜的总输入数，要与输入汇流箱数量相对应。如输入路数为 20，指的是直流配电柜输入可连接 20 个汇流箱。

（3）最大阵列开路电压，指的是每条支路允许流过的最大电压，由汇流箱输出的最大电压决定。

知识点 3　交流配电柜

交流配电柜是指用于实现逆变器输出电量的输出、监测、显示以及设备保护等功能的交流配电单元，其实物和原理接线示意图如图 5-4 所示。交流配电柜将逆变器输出的交流电接入后，经过断路器接入电网，以保证系统的正常供电，同时还能对线路电能进行计量。

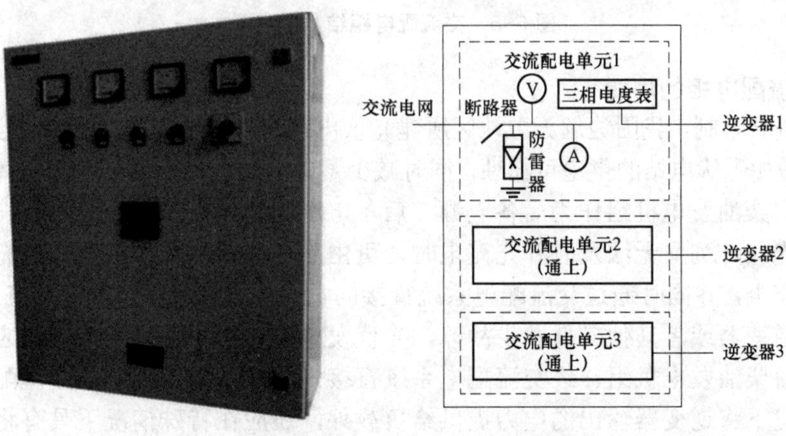

图 5-4　交流配电柜实物和原理接线示意图

1. 交流配电柜结构

光伏电站交流配电系统（交流配电柜）是用来接受和分配交流电能的电力设备，主要由控制电器（断路器、隔离开关、负载开关等）、保护电器（熔断器、继电器、防雷器等）、测量电器（电流互感器、电压互感器、电压表、电流表、电度表、功率因数表等），以及母线和载流导体等组成。

按照设备所处场所，交流配电系统可分为户内配电系统和户外配电系统；按照电压等级，可分为高压配电系统和低压配电系统；按照结构形式，可分为装配式配电系统和成套式配电系统。

在并网光伏系统中，通过交流配电系统为逆变器提供输出接口，配置交流断路器直接并网或直接供给交流负载使用。在光伏发电系统发生故障时，不会影响自身与电网或负载安全，同时可确保维修人员的安全。对于并网光伏发电系统，除控制电器、测量电器、保护电器以及母线和载流导体外，还须配置电能质量分析仪。图 5-5 所示为三相并网光伏发电系统交流配电柜的结构示意图。

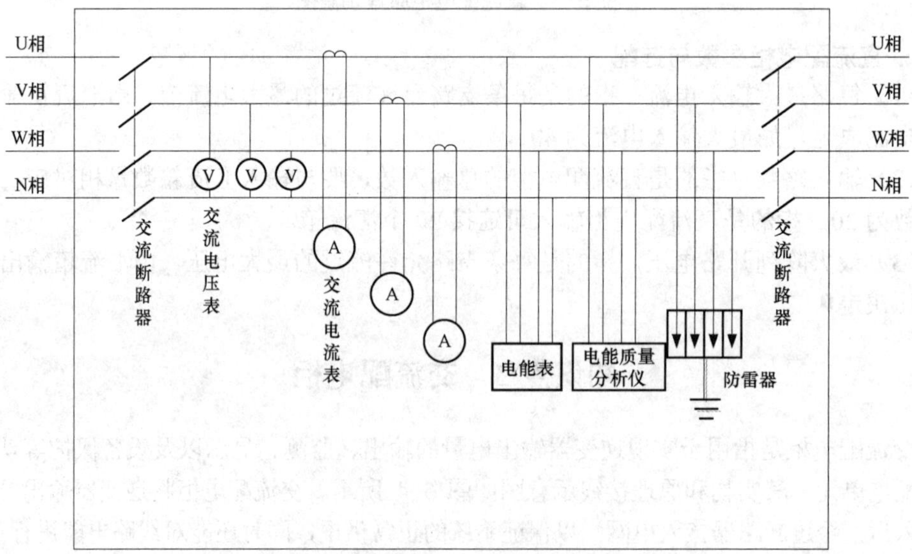

图 5-5　交流配电柜结构示意图

2. 交流配电柜的功能

由于资金限制，我国边远无电地区所建光伏电站的规模还不能完全满足当地的用电需求。为增加光伏电站的供电可靠性，同时减少蓄电池的容量和降低系统成本，各电站都配有备用柴油发电机组作为后备电源。后备电源的作用有两个方面，其一，当蓄电池亏电而光伏阵列又无法及时补充充电时，可由后备柴油发电机组经整流充电设备给蓄电池组充电，并同时通过交流配电系统直接向负载供电，以保证供电系统正常运行；其二，当逆变器或者其他部件发生故障，光伏发电系统无法供电时，作为应急电源，可启动后备柴油发电机组，经交流配电系统直接为用户供电。因此，交流配电系统除在正常情况下将逆变器输出的电力提供给负载外，还应在特殊情况下具有将后备应急电源输出的电力直接向用户供电的功能。

3. 交流配电柜的技术要求

（1）动作准确，运行可靠。

（2）在发生故障时，能够准确、迅速切断故障电流，避免事故扩大。

（3）在一定的操作频率状态下工作时，具有较高的机械寿命和电气寿命。

（4）电气元件之间在电气、绝缘和机械等方面的性能能够配合协调。

（5）工作安全，操作方便，维护容易。

（6）体积小，重量轻，工艺好，制造成本低。

（7）设备自身能耗小。

4. 配电系统的海拔问题

按照有关电气产品技术规定，通常低压电气设备的使用环境都限定在海拔 2 000 m 以下，而对于海拔 4 500 m 以上地区，由于气压低、相对湿度大、温差大、太阳辐射强、空气密度低等问题，导致大气压力和相对密度降低，电气设备的外绝缘强度也随之下降。因此，在设计配电系统时，必须考虑当地恶劣环境对电气设备的不利影响。

5. 接有防雷器装置

光伏发电系统的交流配电柜中一般都接有防雷器装置，用来保护交流负载或交流电网，以免遭雷电破坏。防雷器一般接在总开关后。

6. 交流配电柜的保护功能

交流配电柜应具有多种线路故障的保护功能。一旦发生保护动作，用户可根据实际情况进行处理，排除故障，恢复断电。

（1）输出过载和短路保护

当输出电路有短路或过载等故障发生时，相应断路器会自动跳闸，断开出处。当有更严重的情况发生时，甚至会发生熔断器烧断。这时，应首先查明原因，排除故障，然后再接通负载。

（2）输入欠电压保护

当系统的输入电压降到电源额定电压的 35%～70%时，输入控制开关自动跳闸断电；当系统的输入电压低于额定电压的 35%时，断路器开关不能闭合送电。此时应查明原因，使配电装置的输入电压升高，再恢复供电。

交流配电柜在用逆变器输入供电时，具有蓄电池欠电压保护功能。当蓄电池放电达到一定深度时，有控制器发出切断负载信号，控制配电柜中的负载继电器动作，切断相应负载。恢复送电时，只需进行按钮操作即可。

（3）输入互锁功能

光伏电站交流配电柜最重要的保护，是两路输入的继电器及断路器开关双重互锁保护。互锁保护功能是当逆变器输入或柴油发电机组输入只要有一路有电时，另一路继电器就不能闭合，即按钮操作失灵。也就是说，断路器开关互锁保护，只允许一路开关合闸通电。

7. 交流配电柜的选配

（1）选择成熟可靠的设备和技术

可选用符合国家技术标准的 PGL 型低压配电柜，用于发电厂、变电站交流 50 Hz、额定工作电压不超过 380 V 的低压配电产品。为确保产品的可靠性，一次配电和二次配电控制回路均要采用成熟可靠的电子线路。

（2）应考虑高海拔地区的自然条件

随着海拔高度的增加，大气压力和相对密度下降，电气设备的外绝缘强度也随之下降。因此，在选配交流配电柜时，要考虑当地恶劣环境对电气设备的不利影响。

（3）交流配电柜面板电表要求

选配的交流配电柜前面板应设有电流表、电压表、功率因数表，分别用于读取三相电流、检测各相电压和测量逆变器输出功率因素。另外交流配电柜还应设有电度表，用于分别记录光伏电站的供电电量。

（4）交流配电柜选配的结构要求

① 在高海拔地区，由于气压低、空气密度小、散热条件差，对低压电气设备影响大，选配交流配电时，电气元件选用要留有较大余地（如功率要求），以降低工作时的温升。

② 交流配电柜应为开启式的双面维护结构，采用薄钢板及角钢焊接组合而成，便于配电柜的维护和维修。

③ 交流配电柜应具有良好的接地保护系统，主接地点一般焊接在机柜下方的骨架上，仪表盘的接地点应与柜体连接，构成完整的接地保护电路，防止触电。

（5）交流配电柜的保护功能要求

交流配电柜应有输出过载和短路保护、输入欠电压保护、输入互锁等多种线路保障的保护功能，一旦发生保护动作，用户可根据情况进行处理，恢复供电。

知识点 4　变压器

1. 变压器的基本结构

现以单相双绕组变压器为例来说明，如图 5–6 所示。为了便于分析，把接到电源侧的变压器绕组称为一次绕组，与负载相联的绕组称为二次绕组。其中，W_1 和 W_2 分别为变压器一、二次绕组的匝数。

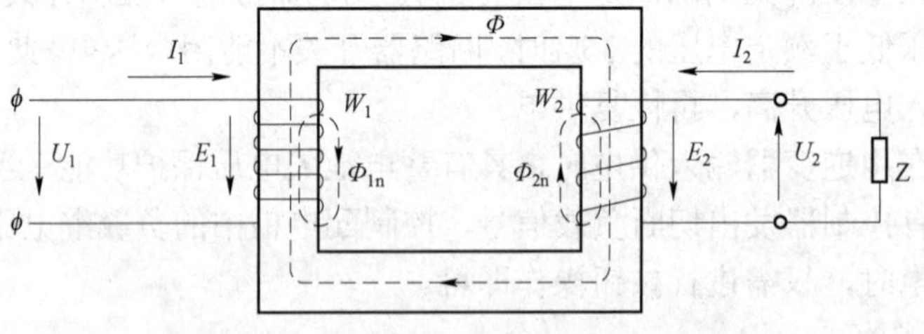

图 5–6　单相双绕组变压器结构示意图

2. 变压器的分类

（1）按照相数，变压器可分为三相变压器和单相变压器。如图 5–7 和图 5–8 所示。大多数场合使用的是三相变压器；在一些低压单相负载较多的场合，也使用单相变压器。

（2）按照绝缘方式，变压器可分为油浸式变压器和干式变压器。两者主要区别如下：

① 外观上

封装形式不同，干式变压器能直接看到铁芯和线圈，而油浸式变压器只能看到变压器的外壳。如图 5–9 和图 5–10 所示。

图 5-7　单相变压器

图 5-8　三相变压器

图 5-9　干式变压器

图 5-10　油浸式变压器

② 引线形式不同

干式变压器大多使用硅橡胶套管，而油浸式变压器大部分使用瓷套管。

③ 容量及电压不同

干式变压器一般适合配电用，容量大都在 1 600 kVA 以下，电压在 10 kV 以下，也有个别做到 35 kV 电压等级的；而油浸式变压器却可以从小到大做到全部容量，电压等级也做到了所有电压。我国正在建设的特高压 1 000 kV 试验线路，采用的一定是油浸式变压器。

④ 绝缘和散热方式不一样

干式变压器一般用树脂绝缘，靠自然风冷，大容量靠风机冷却；而油浸式变压器靠绝缘油进行绝缘，靠绝缘油在变压器内部的循环将线圈产生的热带到变压器的散热器（片）上进行散热。

⑤ 适用场所

干式变压器大多应用在需要“防火、防爆”的场所，一般大型建筑、高层建筑上宜采用；而油浸式变压器由于“出事”后可能有油喷出或泄漏，造成火灾，大多应用在室外，且有场地挖设“事故油池”的场所。

⑥ 对负载的承受能力不同

一般干式变压器应在额定容量下运行，而油浸式变压器过载能力比较好。

⑦ 造价不一样

对同容量变压器来说，干式变压器的采购价格比油浸式变压器价格要高许多。干式变压器型号一般开头为 SC（环氧树脂浇注包封式）、SCR（非环氧树脂浇注固体绝缘包封式）、SG（敞开式）。

知识点 5　并网接入设计

1. 光伏电站等级及并网要求

（1）光伏电站等级

实际上光伏电站等级划分并没有绝对的标准，往往会根据电站规模的发展而变动。目前，国际能源署对于光伏电站等级的分类方法是，容量小于 100 kW 为小规模；容量 100 kW～1 MW 的为中规模；容量 1～10 MW 为大规模；容量 10 MW 以上为超大规模。可分为小型、中型或大型光伏电站，具体如下：

① 小型光伏电站——接入电压等级为 380 kV 低压电网的光伏电站。

② 中型光伏电站——接入电压等级为 10～35 kV 电网的光伏电站。

③ 大型光伏电站——接入电压等级为 66 kV 及以上电网的光伏电站。

（2）光伏电站的并网要求

小型光伏电站的装机容量一般不超过 200 kW。根据是否允许通过公共连接点向公共电网送电，可分为可逆和不可逆两种接入方式。

光伏电站向当地交流负载提供电能和向电网发送电能的质量，在谐波、电压偏差、电压不平衡度、直流分量、电压波动和闪变等方面应满足国家相关标准。

光伏发电系统接入电网的方式主要有以下几种：

① 可逆流低压并网系统，如图 5-11 所示。该系统接入三相 400 V 或单相 230 V 低压配电网，通过交流配电线给当地负载供电，剩余的电量送入公共电网。其一般容量不超过配电变压器容量的 30%，并需要将计量系统改为双向电能表，以便发电、用电都能计量。

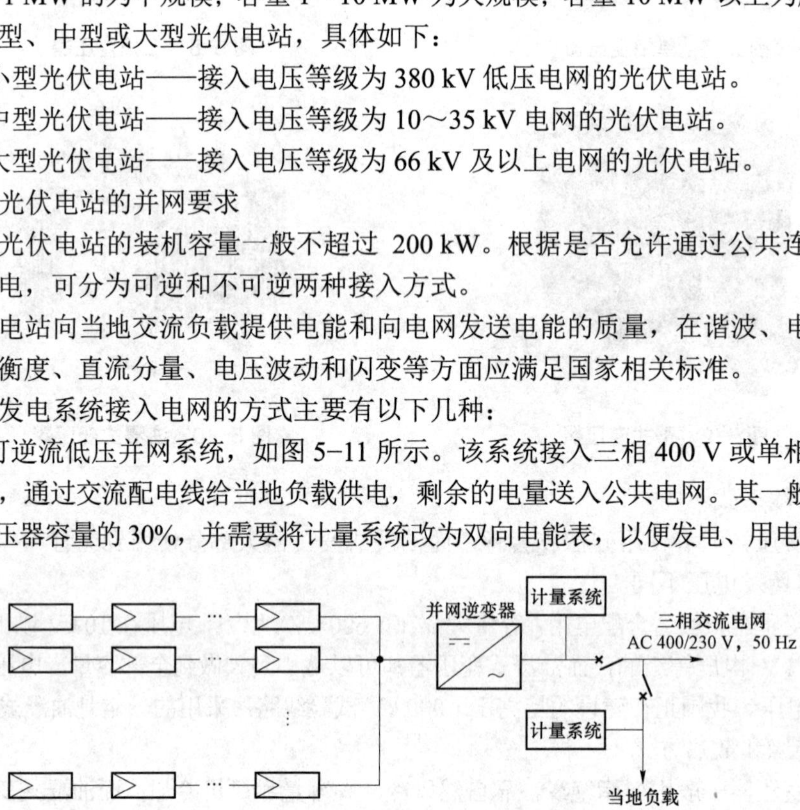

图 5-11　可逆流低压并网系统

② 不可逆流低压并网系统，如图 5-12 所示。该系统中安装有逆功率检测装置，它与并网逆变器进行通信，当检测到逆流时，并网逆变器自动控制发电容量，实现最大化利用并网发电且不出现逆流。

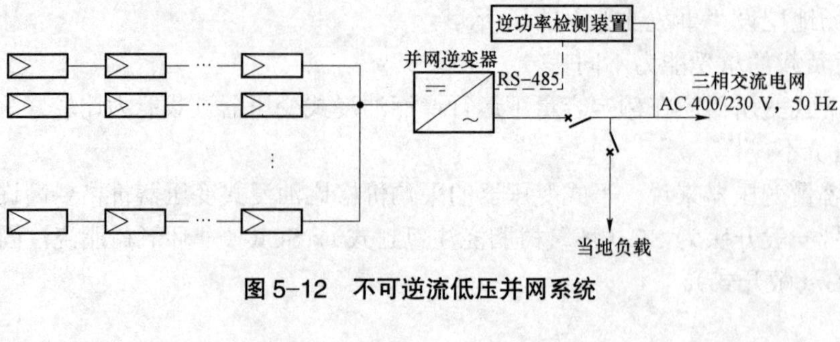

图 5-12　不可逆流低压并网系统

③ 10 kV 高压并网系统，如图 5-13 所示。该系统将并网逆变器输出的低压电通过三相升压变压器升为 10 kV 电压，并入 10 kV 高压电网。

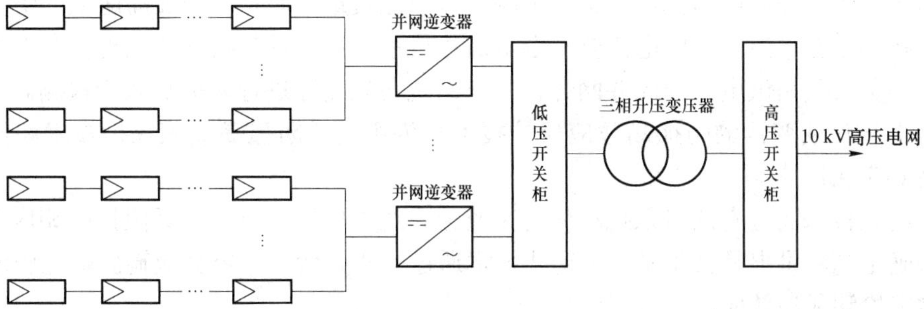

图 5-13　10 kV 高压并网系统

④ 35 kV 高压并网系统，如图 5-14 所示。该系统先把低压升压为 10 kV，再通过 10 kV/35 kV 升压变压器进行二次升压，并入 35 kV 高压电网。

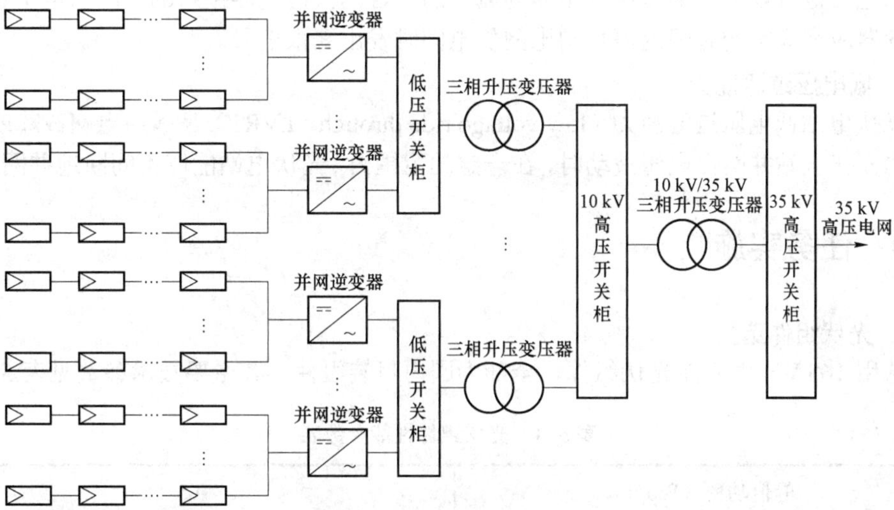

图 5-14　35 kV 高压并网系统

2. 最大功率点跟踪技术

由于光伏阵列的伏安特性呈现非线性，只有光伏阵列在某一输出电压值时，其输出的功率才能达到最大值。因此，在光伏发电系统中，为了让光伏阵列能工作在最大功率点，该光伏发电系统就必须根据当前的辐照度和环境温度调整光伏阵列的工作点，这个调整的过程就称为“最大功率点跟踪”。

目前光伏发电系统中，最大功率点跟踪的实现方式是在光伏阵列和负载之间加入一级 DC-DC 变换器，由 MPPT 控制器通过改变 DC-DC 变换器的等效阻抗来实时调整光伏阵列的工作状态，使其工作在最大功率点。

3. 孤岛效应与防孤岛效应保护技术

孤岛是指当电网供电因故障或停电维修，各个用户端的分布式并网光伏发电系统因未能及时检测出该状态而将自身切离电网，结果形成的由分布式并网光伏发电系统和周围的负载组成的一个自给供电的体系。

孤岛一旦产生将会危及电网输电线路上维修人员的安全，影响配电系统上的保护开关的动作程序，冲击电网保护装置，影响传输电能质量，而且电力孤岛区域的供电电压与频率将不稳定。当电网供电恢复后会造成相位不同步，且单相分布式光伏发电系统会造成三相负载欠相供电。因此并网光伏发电系统必须能够进行防孤岛效应检测。

基于光伏逆变器的防孤岛效应保护技术分为主动式防孤岛效应保护技术和被动式防孤岛效应保护技术。

主动式技术通过有意引入扰动信号来监控系统中电压、频率以及阻抗的相应变化，以此来确定电网供电是否正常。被动式技术通过检测光伏逆变器交流输出端电压或频率的异常来检测孤岛效应。

防孤岛效应保护技术的选取应考虑以下规则：

（1）要兼顾考虑检测性能、输出电能质量以及对整个系统暂态响应的影响。

（2）如果一个简单且成本低的防孤岛效应保护方案将孤岛效应带来的危害降低到其他的电力危害以下，那么该方案即为适当的。若光伏逆变器接入的电网供电中断，光伏逆变器应在规定的时间内停止向电网供电同时发出警报信号。

4. 低电压过渡能力

光伏电站低电压过渡能力（low voltage ride through，LVRT）是指当电网故障或扰动引起的光伏电站并网点电压波动时，在一定的范围内，光伏电站能够不间断地并网运行。

5.1.4 任务实施

1. 光伏组件选型

选用 165 Wp 太阳能光伏组件，全部为国内封装组件，其主要技术参数见表 5-1。

表 5-1 光伏组件性能参数表

峰值功率（Wp）	165
短路电流 I_{sc}	7.82±0.2
开路电压 V_{oc}	29±0.5
峰值电压 V_{mp}	23.5±0.5
峰值电流 I_{mp}	7.02±0.2
额定工作温度（℃）	43±2
抗风力或表面压力	2 400 Pa，130 km/h
绝缘强度	DC 3 500 V，1 min，漏电电流≤50
冲击强度	227 g 钢球 1 m 自由落体，表面无损
外形尺寸（mm）	1 316×992×46
重量（kg）	15.00

2. 光伏组件串并联方案

250 kW 并网逆变器的直流工作电压范围为 450 ～880 Vdc，最佳直流电压工作点为 560 Vdc。

太阳能光伏组件串联的组件数量 N_s=560/23.5±0.5=24（块），这里考虑温度变化系数，取太阳能电池组件 18 块串联，单列串联功率 P=18×165 Wp=2 970 Wp。

单台 250 kW 逆变器需要配置太阳能电池组件串联的数量 N_p=250 000÷2 970≈85 列，1 MWp 光伏阵列单元设计为 340 列支路并联，共计 6 120 块太阳能电池组件，实际功率达到 1 009.8 kWp。

整个 10 MWp 系统所需 165 Wp 电池组件的数量 M_1=10×6 120=61 200（块），实际功率达到 10.098 MWp。

该工程光伏并网发电系统需要 165 Wp 的多晶硅太阳能电池组件 61 200 块，18 块串联，3 400 列支路并联的阵列。

3. 光伏阵列的布置

（1）光伏组件阵列间距设计

为了避免阵列之间遮阴，光伏阵列间距应不小于 D。

$$D=0.707\ H/\tan\left[\arcsin\left(0.648\cos\varphi-0.399\sin\varphi\right)\right]$$

式中，φ 为当地地理纬度（北半球为正，南半球为负），H 为阵列前排最高点与后排组件最低位置的高度差）。

根据上式计算，求得 D=5 025 mm。

取光伏组件前后排阵列间距 5.5 m，如图 5−15 所示。

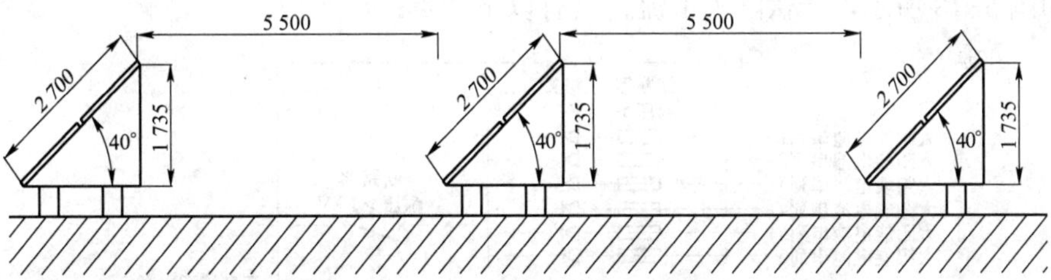

图 5−15　光伏组件前后排阵列间距图

（2）光伏阵列单列排列面布置，如图 5−16 所示。

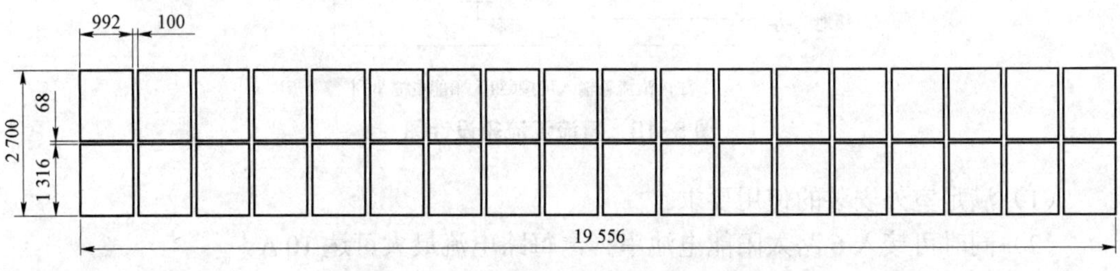

图 5−16　光伏阵列单列排列面布置图

（3）10 MWp 光伏组件阵列布置，如图 5–17 所示。

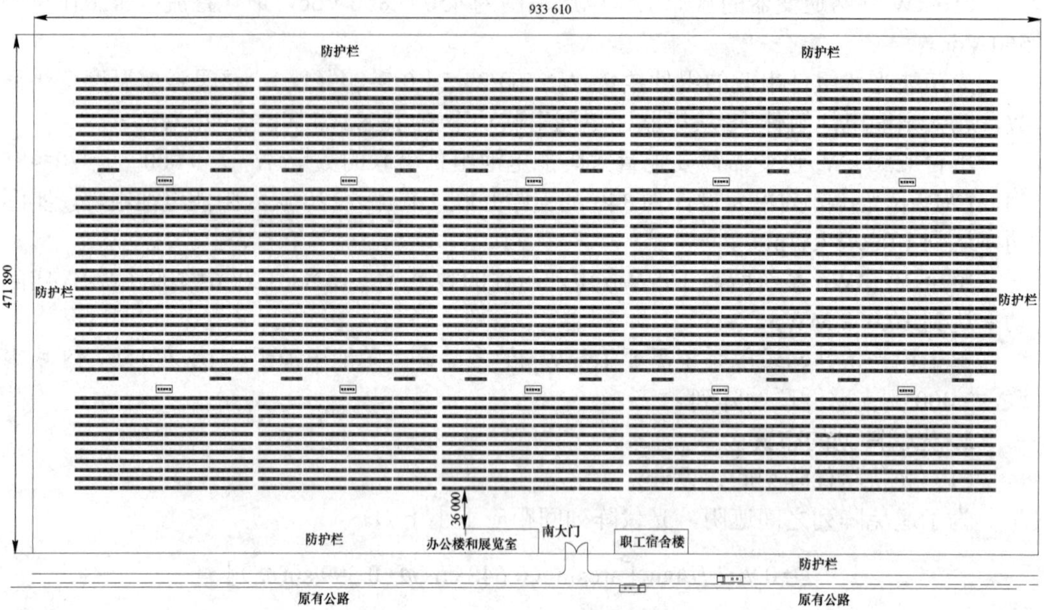

图 5–17　光伏组件阵列布置图

（4）总占地面积计算：10 MWp 光伏电站由 1 700 个单列光伏阵列构成，前后排阵列间距 5.5 m。占地面积=935×472=44.14 万 m^2。

4. 光伏阵列直流汇流箱设计

如图 5–18 所示，光伏阵列汇流箱具有以下特点：

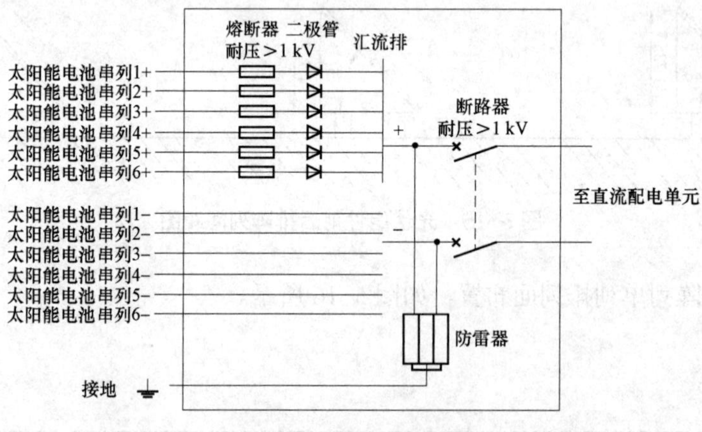

注：汇流箱输入可接6组太阳能电池串列

图 5–18　直流汇流箱设计图

（1）满足室外安装的使用要求。

（2）同时可接入 6 路太阳能电池串列，每路电流最大可达 10 A。

（3）接入最大光伏串列的开路电压值可达 DC 900 V。

（4）熔断器的耐压值不小于 DC 1 000 V。

（5）每路光伏串列具有二极管防反保护功能。

（6）配有光伏专用高压防雷器，正极负极都具备防雷功能。

（7）采用正负极分别串联的四极断路器提高直流耐压值，可承受的直流电压值不小于 DC 1 000 V。

按照每 6 个太阳能电池串列单元需要配置 1 台光伏阵列汇流箱，250 kW 并网逆变器需配置 10 个汇流箱，本工程 10 MWp 光伏并网发电系统共需配置 400 台光伏阵列汇流箱。

5. 直流配电柜设计

每台直流配电柜按照 250 kWp 的直流配电单元进行设计，1 MWp 光伏并网单元需要 4 台直流配电柜。每个直流配电单元可接入 10 路光伏阵列汇流箱，10 MWp 光伏并网系统共需配置 40 台直流配电柜。每台直流配电柜分别接入 1 台 250 kW 逆变器。

6. 光伏并网逆变器的选择

此光伏并网发电系统设计为 10 个 1 MWp 的光伏并网发电单元，每个并网发电单元需要 4 台功率为 250 kW 的逆变器，整个系统配置 40 台此种型号的光伏并网逆变器，组成 10 MWp 并网发电系统。选用性能可靠、效率高、可进行多机并联的逆变设备，本方案选用额定容量为 250 kW 的逆变器，主要技术参数见表 5-2。

表 5-2　250 kW 并网逆变器性能参数表

直流侧参数	
最大直流电压	900 V
启动电压	470 V
满载 MPP 电压范围	450～820 V
最低电压	450 V
最大输入电流	600 A
交流测参数	
额定输出功率	250 kW
最大输出功率	275 kW
最大交流输出电流	397 A
额定电网电压	400 V
允许电网电压	310～450 V
额定电网频率	50Hz/60 Hz
允许电网频率	47～52 Hz/57～62 Hz
总电流波形畸变率	＜3%（额定功率）
直流电流分量	＜0.5%（额定输出电流）
功率因素	0.9（超前）～0.9（滞后）
系统	
最大效率	96.8%（含变压器）
欧洲效率	96.2%（含变压器）
防护等级	IP20（室内）

续表

夜间自耗电	<100 W
允许环境温度	–25 ～+55 ℃
冷却方式	风冷
允许相对湿度	0～95%，无冷凝
允许最高海拔	6 000 m（超过 3 000 m 需降额使用）
显示与通信	
显示	LCD
标准通信方式	RS485
可选通信方式	以太网
机械参数	
外形尺寸（mm）	2 400×2 180×850
净重（kg）	1 700

性能特点

逆变器为国产的某品牌 SG250K3 型号，采用低频隔离变压器设计。输入电压的范围大，保证了接入的光伏阵列有了更多的组合方式。采用光纤隔离技术，抗干扰能力强。优化的电路和结构设计，提高系统散热效率，增强系统稳定性。增强的防护功能，相比较于普通逆变器，增加了直流接地故障保护，专为大型光伏并网电站设计。具备如下特点：

① 低电压穿越功能。

② 有功功率连续可调（0～100%）功能。

③ 无功功率可调，功率因数范围超前 0.9 至滞后 0.9。

④ 最高转换效率达 97.3%。

⑤ 模块化设计，方便安装与维护。

⑥ 适应严酷的电网环境。

⑦ 辅助电加热(可选)。

⑧ 适应高海拔应用<6 000 m（超过 3 000 m 需降额使用）。

7. 交流防雷配电柜设计

按照 2 个 250 kWp 的并网单元配置 1 台交流防雷配电柜进行设计，即每台交流配电柜可接入 2 台 250 kW 逆变器的交流防雷配电及计量装置，系统共需配置 20 台交流防雷配电柜。

每台逆变器的交流输出接入交流配电柜，经交流断路器接入升压变压器的 0.4 kV 侧，并配有逆变器的发电计量表。每台交流配电柜装有交流电网电压表和输出电流表，可以直观地显示电网侧电压及发电电流。

8. 交流升压变压器

并网逆变器输出为三相 0.4 kV 电压，考虑到当地电网情况，需要采用 35 kV 电压并网。由于低压侧电流大，考虑线路的综合排布，选用 5 台 S9 系列 0.4 kV/（35～38.5）kV，额定容量 2 500 kVA 升压变压器分支路升压。变压器技术参数如表 5-3 所示。

表 5-3　变压器技术参数表

<table>
<tr><th colspan="2">项目</th><th>单位</th><th>参数</th></tr>
<tr><td colspan="2">额定容量</td><td>kVA</td><td>2 000</td></tr>
<tr><td rowspan="2">额定电压</td><td>高压</td><td>kV</td><td>35（1±5%）</td></tr>
<tr><td>低压</td><td>kV</td><td>0.4</td></tr>
<tr><td rowspan="2">损耗</td><td>空载</td><td>kW</td><td>3.2</td></tr>
<tr><td>负载</td><td>kW</td><td>20.7</td></tr>
<tr><td colspan="2">空载电流</td><td>%</td><td>0.8</td></tr>
<tr><td colspan="2">短路阻抗</td><td>%</td><td>6.5</td></tr>
<tr><td rowspan="3">重量</td><td>油</td><td>t</td><td>1.81</td></tr>
<tr><td>变压器身</td><td>t</td><td>4.1</td></tr>
<tr><td>总重</td><td>t</td><td>7.95</td></tr>
<tr><td colspan="2">外形尺寸</td><td>长×宽×高（mm）</td><td>2 850×1 820×3 100</td></tr>
<tr><td colspan="2">轨距</td><td>mm</td><td>1 070</td></tr>
</table>

9. 系统组成方案原理框图

系统组成方案原理如图 5-19 所示。

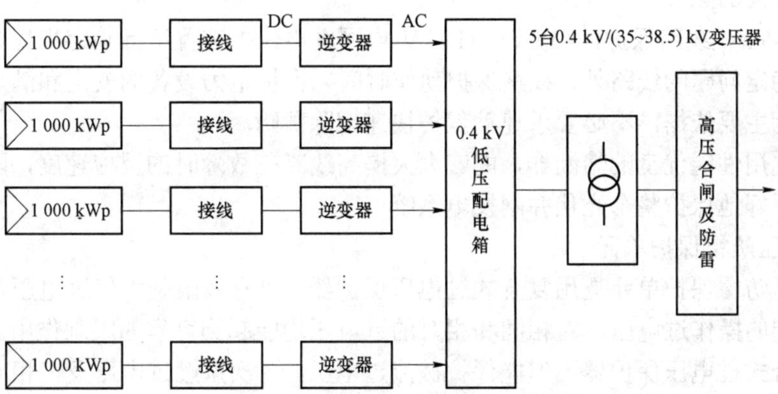

图 5-19　系统组成方案原理框图

10. 系统接入电网设计

本系统由 10 个 1 MWp 的光伏单元组成，总装机 10 MWp，太阳能光伏并网发电系统接入 35 kV/50 Hz 的中压交流电网，按照 2 MWp 并网单元配置 1 套 35 kV/0.4 kV 的变压及配电系统进行设计，即系统需要配置 5 套 35 kV/0.4 kV 的变压及配电系统。每套 35 kV 中压交流电网接入方案描述如下：

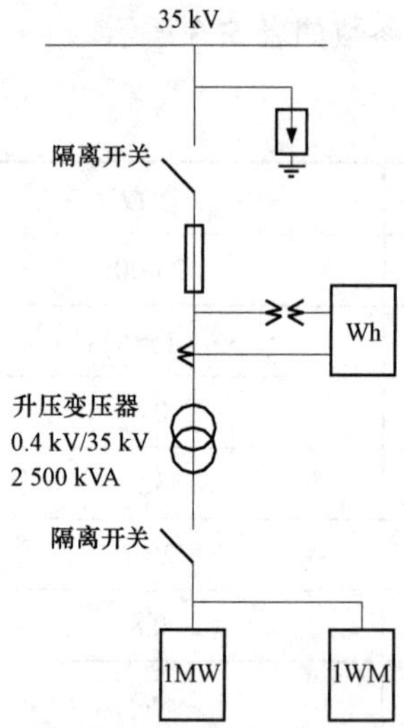

图 5-20 35 kV 中压交流电网接入方案图

（1）系统概述

35 kV 中压交流电网接入方案如图 5-20 所示。

（2）重要单元的选择

① 35 kV/0.4 kV 配电变压器的保护

35 kV/0.4 kV 配电变压器的保护配置采用负载开关加高遮断容量后备式限流熔断器组合的保护配置，既可提供额定负载电流，又可断开短路电流，并具备开合空载变压器的性能，能有效保护配电变压器。

系统中采用的负载开关，通常为具有接通、隔断和接地功能的三工位负载开关。变压器馈线间隔还增加高遮断容量后备式限流熔断器来提供保护。这是一种简单、可靠而又经济的配电方式。

② 高遮断容量后备式限流熔断器的选择

由于光伏并网发电系统的造价昂贵，在发生线路故障时，要求线路切断时间短，以保护设备。

熔断器的特性要求具有精确的时间-电流特性（可提供精确的始熔曲线和熔断曲线）；有良好的抗老化能力；达到熔断值时能够快速熔断；要有良好的切断故障电流能力，可有效切断故障电流。

根据以上特性，可以把该熔断器作为线路保护，以及并网逆变器以及整个光伏并网系统的保护使用，并通过选择合适的熔丝，实现上级熔断器与下级熔断器及熔断器与变电站保护之间的配合。

对于 35 kV 线路保护，《3 kV～110 kV 电网继电保护装置运行整定规程》要求：除极少数有稳定问题的线路外，线路保护动作时间以保护电力设备的安全和满足规程要求的选择性为主要依据，不必要求速动保护快速切除故障。

通过选用性能优良的熔断器，能够大大提高线路在故障时的反应速度，降低事故跳闸率，以更好地保护整个光伏并网发电系统。

③ 中压防雷保护单元

该中压防雷保护单元选用复合式过电压保护器，可有效限制大气过电压及各种真空断路器引起的操作过电压，对相间和相对的过电压均能起到可靠的限制作用。

该复合式过电压保护器不但能保护截流过电压、多次重燃过电压及三相同时开断过电压，而且能保护雷电过电压。

过电压保护器采用硅橡胶复合外套整体模压一次成形，外形美观，引出线采用硅橡胶高压电缆，除四个线鼻子为裸导体外，其他部分被绝缘体封闭，故用户在安装时，无需考虑它的相间距离和对地距离。该产品可直接安装在高压开关柜的底盘或互感器室内。安装时，只需将标有接地符号单元的电缆接地外，其余分别接 A、B、C 三相即可。

设置自控接入装置对消除谐振过电压也具有一定作用。当谐振过电压幅值高至危害电气设备时，该防雷模块接入电网，电容器增大主回路电容，有利于破坏谐振条件，电阻阻尼震荡，有利于降低谐振过电压幅值。所以可以在高次谐波含量较高的电网中工作，适应的电网运行环境更广。

另外，该防雷单元可增设自动控制设备，如放电记录器，清晰掌控工作动作状况。可以配置自动脱离装置，当设备过压或处于故障时，脱离电网，确保正常运行。

④ 中压电能计量表

中压电能计量表是真正反映整个光伏并网发电系统发电量的计量装置，其准确度和稳定性十分重要。采用性能优良的高精度电能计量表至关重要。

为保证发电数据的安全，建议在高压计量回路同时装一块机械式计量表，作为 IC 式电能表的备用或参考。

该电表不仅要有优越的测量技术，还要有非常高的抗干扰能力和可靠性。同时，该电表还可以提供大量的数据：显示电表数据、费率、损耗、状态信息、警报、参数等。此外，显示的内容、功能和参数可通过光电通信口用维护软件来修改。通过光电通信口，还可以处理报警信号，读取电表数据和参数。

5.1.5　任务实施单

<table>
<tr><td>任务名称</td><td>集中式光伏并网发电系统的设计</td><td>完成时长</td><td></td></tr>
<tr><td>班级</td><td></td><td>组别</td><td></td></tr>
<tr><td>学号</td><td></td><td>姓名</td><td></td></tr>
<tr><td>任务要求</td><td colspan="3">完成本项目集中式光伏并网发电系统的设计工作</td></tr>
<tr><td>实施过程记录</td><td colspan="3"></td></tr>
<tr><td>任务实施总结</td><td colspan="3"></td></tr>
</table>

5.1.6　任务验收单

<table>
<tr><td>任务名称</td><td colspan="2">集中式光伏并网发电系统的设计</td><td>验收时间</td><td></td></tr>
<tr><td>班级</td><td colspan="2"></td><td>组别</td><td></td></tr>
<tr><td>学号</td><td colspan="2"></td><td>姓名</td><td></td></tr>
<tr><td>任务要求</td><td colspan="4">完成本项目集中式光伏并网发电系统的设计工作</td></tr>
<tr><td rowspan="4">验收要点</td><td>序号</td><td colspan="2">验收内容</td><td>验收结果</td></tr>
<tr><td>1</td><td colspan="2">正确设计集中式光伏发电并网系统的光伏组件容量和选型</td><td></td></tr>
<tr><td>2</td><td colspan="2">正确设计集中式光伏发电并网系统的逆变器参数和选型</td><td></td></tr>
<tr><td>3</td><td colspan="2">正确设计集中式光伏发电并网系统的其他电气元器件的参数和选型</td><td></td></tr>
<tr><td>验收结果</td><td colspan="4"></td></tr>
</table>

5.1.7 任务评价单

学生自我评价单

项目 5	集中式光伏并网发电系统	任务 5.1	集中式光伏并网发电系统的设计	
评价项目	8≤优≤10（分）	6≤良<8（分）	4≤中<6（分）	2<差<4（分）
1. 学习态度是否主动，能否及时完成教师布置的各项任务				
2. 是否完整地记录探究活动的过程，收集的有关信息和资料是否完整				
3. 能否根据学习资料对任务进行合理分析，并对所制定的方案进行可行性分析				
4. 是否能够完全领会教师的授课内容，并快速掌握技能				
5. 是否积极参与各种讨论，并能清晰地表达自己的观点				
6. 能否独立或合作完成任务				
7. 对出现的问题是否能主动思考，并使用现有知识进行解决，以及知道自己在某些知识方面的不足之处				
8. 是否通过任务训练达到学习目标				
9. 是否有安全、环保意识与团队合作意识				
10. 工作过程中是否能保持整洁、有序、规范的工作环境				
姓名		日期		总评
任务总结				

学生互评单

项目 5	集中式光伏并网发电系统	任务 5.1	集中式光伏并网发电系统的设计
评价项目			评分
1. 在组队中是否称职，能否按计划完成团队任务（20 分）			
2. 能否主动思考并解决问题（20 分）			
3. 是否完成任务（20 分）			
4. 是否有团队合作意识（20 分）			
5. 是否积极参与各种讨论，并能清晰地表达自己的观点（20 分）			
评价人		合计	
改进建议			

教师评价单

考核点	标准（分）	得分
任务方案准备与计划	20	
实施操作及团队协作	20	
知识和技能掌握情况	20	
数据记录与分析	20	
任务汇报与总结	20	
合计	100	

任务评价单

项目 5	集中式光伏并网发电系统	学生自评	学生互评	教师评分	总分
		30%	30%	40%	
任务 5.1	集中式光伏并网发电系统的设计				

5.1.8　自我评测

1. 简述汇流箱的结构和功能。
2. 简述配电柜的结构和功能。
3. 简述光伏发电系统防雷接地装置的功能。

课后习题

任务 5.2　集中式光伏并网发电系统的安装

学习目标

1. 知识目标

（1）掌握光伏组件支架的安装方法。

（2）掌握变压器的安装方法。

（3）掌握线缆的敷设方法。

2. 能力目标

（1）能完成光伏组件支架的安装。

（2）能完成变压器的安装。

（3）能完成线缆的敷设。

3. 素养目标

（1）树立质量与成本意识。

（2）培养实事求是、精益求精的精神。

（3）培育正确的劳动价值观、积极的劳动精神和良好的劳动品质。

5.2.1 任务引入

完成本项目光伏发电系统的安装与施工。

5.2.2 任务工单

任务名称	集中式光伏并网发电系统的安装	指导教师	
班级		组别	
学号		姓名	
任务描述	建设一个集中式光伏并网发电系统，实现光伏电站并网发电。计划容量 10 MWp，建设地点位于甘肃省敦煌市，整体工程占地约 43.55 万平方米。请进行该项目的施工相关工作。重点完成光伏组件和支架、汇流箱、变压器的安装以及线缆的敷设工作		
材料清单	设备：光伏电站建设及运维实训设备 工具：相关工具		
知识点	1. 光伏组件和支架的安装方法和步骤 2. 汇流箱的安装方法和步骤 3. 变压器的安装方法和步骤 4. 线缆的敷设方法和步骤		
技能点	1. 使用工具安装组件和支架 2. 使用工具安装汇流箱 3. 使用工具安装变压器 4. 使用工具敷设线缆		

5.2.3 知识点链接库

知识点 1 光伏组件支架的安装

步骤一：检验光伏支架来料

检验钢材、钢铸件的品种、规格、性能等是否符合现行国家产品标准和设计要求。进口钢材产品的质量应符合设计和合同规定标准的要求。支架、螺栓等钢结构材料进场后应与监理、供应商、施工单位四方一起进行检查验收，并办理验收手续，做好检查记录及标识工作。检查桩的外观尺寸及支架的产品证明书。施工单位在施工过程中对支架、螺栓质量有异议时，要及时与业主和监理进行沟通。

支架的外观尺寸允许误差根据《钢结构现场检测技术标准》（GB/T 50621—2010）的规定进行验收，螺栓外观尺寸允许偏差根据 GB/T 3098.1—2010《机械制造中螺栓、螺钉和螺柱的分类及表示第 1 部分：螺栓和螺柱》。其中支架不应有裂纹、折叠、夹层；

端边或断口处不应有分层、夹渣等缺陷，构件表面不应误涂、漏涂，涂层不应脱皮和返锈等，涂层应均匀，无明显皱皮、流坠、针眼和气泡等。

步骤二：堆放和装卸光伏支架

（1）核对材料的牌号、规格、批号、质量合格证明文件、中文标志和检验报告等，检查表面质量、包装等。

（2）将检验合格的材料按品种、规格、批号分类堆放，并且应有相应的标识。

（3）贮存场所宜干燥、有遮盖，避免受到含有酸、盐、碱等腐蚀性物质的侵蚀。

（4）做好连接用紧固件的防锈蚀和碰伤措施，不得混批存储。

（5）堆放钢材时放置垫木或垫块，以防止钢材变形和锈蚀。

（6）装卸时应轻起轻放，严禁抛掷、碰撞、滚落，吊运过程应保持平稳，避免剧烈振动，防止支架受损。

步骤三：做好安装光伏支架前的准备

（1）根据图纸对支架零部件的尺寸是否符合设计要求进行抽样检查。检查是否变形，出现变形应及时校正，无法校正应及时更换。不允许有倒刺和毛边现象。所有零部件均应按图纸设计要求进行表面防腐处理，保证不生锈、不腐蚀。

（2）按设计要求检查支架基础的布面位置、尺寸、轴线、标高、基础安装面平整度、预埋件、基础强度、桩基试验等是否符合设计和满足安装要求。如基础施工与设计要求偏差较大，应先进行基础的纠偏，合格后再进行支架的安装工程。

（3）对施工班组进行该支架安装的安全、质量、工艺标准、工期计划、文明施工、组织划分、协调等交底，并组织安排技能等培训，考核上岗。做好交底、培训考核记录。

（4）在大面积施工前，先安装样板，样板经自检、专检合格后，报监理、项目经理验收。若验收合格和符合设计规范标准，按样板开展正式的安装工程。

步骤四：安装立柱

（1）立柱与桩头中心偏差不得大于 2 cm，垂直度偏差小于等于 5 mm。

去除杂物：焊接前应去除桩头泥土等杂物，桩头擦拭干净。

（2）立柱定位：根据设计方位角度进行安装，安放立柱时应用经纬仪全程测控（可放定位线代替），要求同排立柱在一水平线上。如图 5-21 所示。

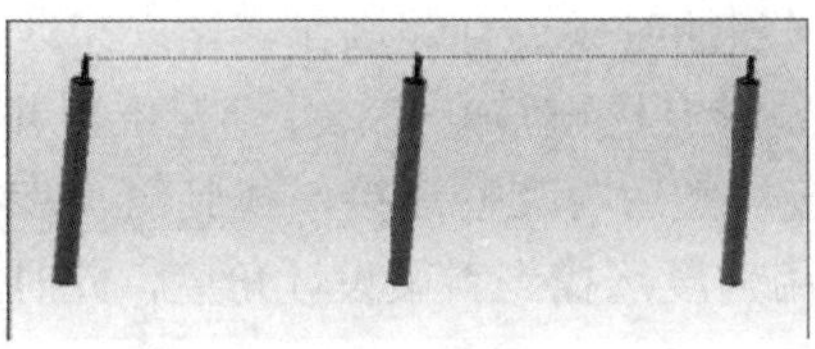

(a)

(b)

图 5-21　立柱定位示意图

（3）满焊：立柱安放完成后进行满焊，由于桩位偏移导致不能满焊的直接用钢板进行补焊，达到满焊为止。如图 5-22 所示。

(a) (b)

图 5-22 满焊示意图

（4）除锈防腐：焊接完成后敲除药皮、焊渣，对桩头生锈部分进行打磨除锈，刷两次红丹漆、两次银粉漆，严禁未除锈直接刷漆。

步骤五：安装抱箍

抱箍两侧安装孔要与立柱安装孔处于同一直线，即 180°，抱箍螺栓半紧固。如图 5-23 所示。

步骤六：安装三角架

光伏组件支架由前后支撑、横梁、斜梁、斜撑、后背拉杆等用螺栓连接组成构架。如图 5-24 所示。

图 5-23 立柱抱箍安装示意图

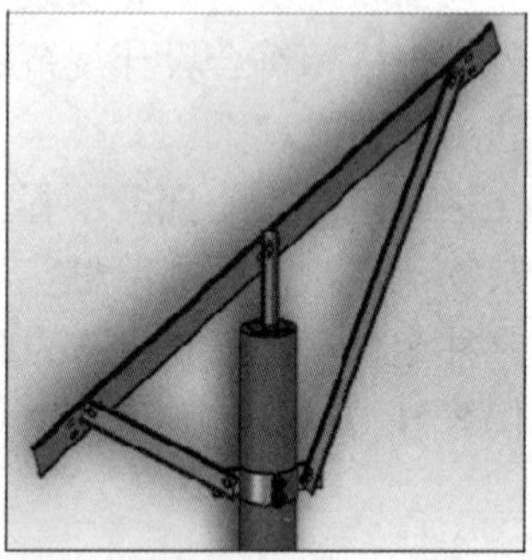

图 5-24 三角架安装示意图

（1）红外线找平法

① 立柱安装完成后，在阳光不太强烈的时候进行此操作，站在东西方向第一个立柱，用红外线装置透过立柱安装孔找到整排立柱与斜梁安装孔螺栓位置并一一标记。

② 先将前斜撑、后斜撑与斜梁连接，然后与立柱连接，找到第一步标记点将螺栓紧固，再与抱箍两侧安装孔连接，同时用角度尺找到斜梁设计角度，此时将所有螺栓全部紧固。

③ 重复以上做法继续安装。

（2）斜梁两侧放线法

① 在东西方向同排管桩选取跨度约 15 m 的两根立柱，放线找平（立柱安装孔）标

记，然后先将前斜撑、后斜撑与斜梁连接，再与立柱连接，最后与抱箍连接，同时用角度尺找到斜梁设计角度，找到后将所有螺栓全部紧固。

② 从斜梁上下端各放一根线进行连接，再用紧绳器把它拉紧，然后以此两根线为基准完成跨度内的支架安装。

③ 重复以上做法继续安装。

如图 5-25 所示。

图 5-25　斜梁两侧放线法（上下两测黑色实线）

步骤七：安装檩条

（1）安装压块组件

① 依据图纸标注将对应的檩条一一先固定在斜梁上，从上到下共 4 条。

② 调节使 $AB=EF$、$AF=BE$、$AH=DE$、$AD=EH$，固定螺栓，如图 5-26 所示。

（2）安装挂钩组件

① 檩条安装后，安装斜撑，如图 5-27 所示。

② 若管桩低于 2 m，檩条、斜撑可在地面安装组合后再与斜梁连接。安装效果如图 5-28 所示。

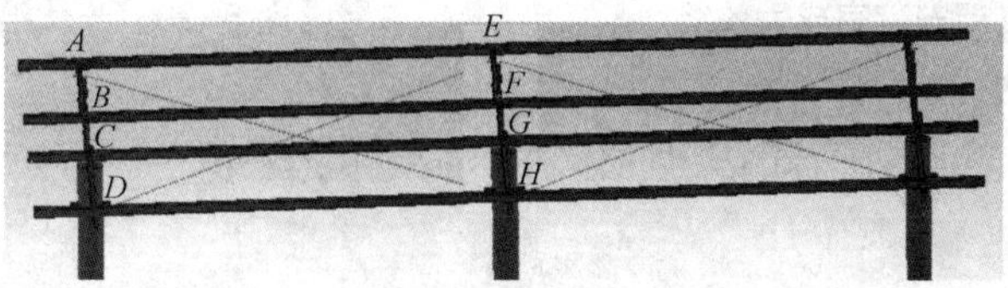

图 5-26　安装檩条

图 5-27　安装挂钩组件支架斜撑

步骤八：安装光伏组件

根据设计图纸把光伏组件安装到光伏支架的横梁上，用光伏组件的边压块和中压块固定组件，形成光伏组件矩阵。本步骤需要的工具及辅料为水平仪、内六角 L 型扳手、长条螺母、内六角螺栓、卷尺、记号笔、光伏组件。

（1）根据施工图纸的要求，用卷尺在矩阵支架横梁上量出安装边压块安装点。

（2）取一块长条螺母，沿槽钢口摁下，旋转长条螺母安装旋柄，使长条螺母卡入槽钢内。

（3）上光伏组件，使光伏组件底边从压块处向下延伸 400 mm，组件左边固定边压块，组件右边固定中压块，同时上第二块光伏组件，向右一字排开，完成光伏支架第一排组件安装。

（4）取两种中压块，放在第一排光伏组件开始的第一块组件顶部，沿第一排组件的顶部上第二排组件的第一个组件，使组件底部紧贴中压块。

（5）调整组件到图纸标定的位置，组件左边固定边压块，在组件右边固定中压块，同时上第二块光伏组件，向右一字排开，完成光伏支架第二排组件安装。

（6）取下第一和第二排中间的中压块，第一排和第二排组件的接线盒端背靠背安装光伏组件，用水平标定第一排组件底部成一条水平线为准，用水平标定最后一排组件顶部成一条水平线为准。

（7）检查组件的整体效果平整度。

（8）拧紧所有的螺栓及光伏压块，固定光伏组件。光伏组件的安装如图 5–29 所示。

图 5–28　支架安装完成后效果

图 5–29　光伏组件的安装

知识点 2　汇流箱的安装

1. 安装步骤

步骤一：检验汇流箱来料

光伏汇流箱进场后，项目部应与监理、供应商、施工单位四方一起进行检查验收，并办理验收手续，做好检查记录及标识工作。主要检查汇流箱的外观尺寸及汇流箱内部的各部件是否齐全，并附有本汇流箱合格证书及出厂检验报告。施工单位在施工过程中对汇流箱质量有异议时，要及时与业主和监理进行沟通。直流汇流箱的来料应满足表 5–4 中的要求。

表 5–4　直流汇流箱来料要求表

包装运输	应符合《包装储运图示标志》（GB/T 191—2008）
外观	① 表面防护层应牢固、平整且无剥落、锈蚀及裂痕；② 机箱组装有关零部件均应符合各自的技术要求，零部件的选型及数量符合设计要求；③ 汇流设备元器件布局合理，电气间隙与爬电距离符合规定要求，汇流排（裸的或绝缘的）的布置应使其不会发生内部短路；④ 机架面板应平整，文字和符号要求清楚、整齐、规范、正确；⑤ 标牌、标志、标记应完整清晰；⑥ 各种开关应便于操作，灵活可靠
尺寸	符合图纸设计要求

续表

防护等级	符合《外壳防护等级（IP 代码）》（GB/T 4208—2017）的规定，户内型不低于 IP20，户外型不低于 IP54。在风沙、腐蚀等特殊环境下，室外型汇流箱不低于 IP65	
材料	阻燃等级	阻燃等级应满足《电工电子产品着火危险试验 第 17 部分：试验火焰 500 W 火焰试验方法》（GB/T 5169.17—2017）中的要求
	防腐蚀	汇流设备应根据使用环境选用合适的工艺、材料或在裸露的表面涂上防护层以确保防腐蚀，同时还要考虑正常使用及维修条件
	耐紫外线辐射	户外汇流设备外部材料应满足抗紫外辐射要求
绝缘电阻	在电路与裸露导电部件之间，额定电压在 500 V 及以下用 500 V 绝缘电阻表，500 V 以上用 1 000 V 绝缘电阻表，每条电路对地标称电压为 500 V 及以下时绝缘电阻小于 0.5 MΩ，500 V 以上时绝缘电阻小于 1 MΩ	

步骤二：装卸和堆放光伏汇流箱

堆放场地应平整、坚实，防止产生不均匀沉降；堆存时，搭好雨布并做好标识；采用装载机、叉车装卸，两人协作，一人指挥一人操作机器；汇流箱严禁踩踏，单拖摆放，同一拖汇流箱堆放不超过 6 层；汇流箱转运至施工现场准备安装时应使用叉车或装载机转运，如果遇到单个汇流箱转运时应采用叉车或装载机前方垫放托盘然后汇流箱放置于托盘上运输；汇流箱在未使用时严禁打开外部的塑料薄膜包装；贮存汇流箱的场所应干燥、清洁、空气流通，并能防止各种有害气体，严禁与有腐蚀作用的物品存放在同一场所；包装好的汇流箱宜贮存在相对湿度不大于 85%、周围空气温度为−25～50 ℃的场所。

步骤三：安装直流汇流箱

（1）安装前检查

按照机箱内的装箱单，检查交付完整性，并对以下内容进行检查：① 光伏阵列汇流箱；② 钥匙；③ 合格证；④ 保修卡；⑤ 产品使用手册；⑥ 出厂检查记录。

（2）选择安装方式

光伏汇流箱安装方式可以根据工作现场的实际情况做出选择，通常采用挂墙式、抱柱式和落地式。

① 挂墙式。建议采用膨胀螺钉，通过汇流箱左右两边的安装孔，将其固定在墙体上。

② 抱柱式。建议使用抱箍、角钢作为支撑架，用螺栓将汇流箱安装在柱上。

③ 落地式。落地式安装通常用于需要较大支撑面积的场所，确保设备的稳固性和良好的散热。

（3）测量定位

根据设计图纸对汇流箱的位置、离地高度进行现场测量，定位、放线测量成果资料用书面形式报监理和甲方复核检查，高度误差±5 mm（汇流箱底边离地高度），使用材料必须与设计图纸相符，确认后方可开始施工。

（4）汇流箱本体固定

① 根据设计图纸，采用镀锌连接件，将灌注桩、“几”型桩固定在相应位置，要求悬挂式汇流箱的安装垂直度≤1.5 mm，且稳固，如图 5-30 所示。

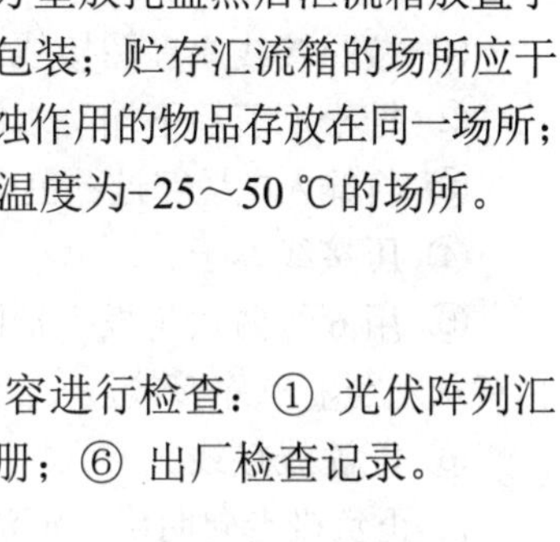

图 5-30　灌注桩区采用抱箍固定

② 采用预制支架与汇流箱箱体用螺丝，将管桩汇流箱固定或采用抱箍固定在管桩上，要求安装垂直度≤1.5 mm，预制支架必须做防腐、防锈处理，且确保稳固。管桩区采用螺丝与支架固定和采用抱箍固定分别如图 5-31、图 5-32 所示。

图 5-31 管桩区采用螺丝与支架固定

图 5-32 管桩区采用抱箍固定

2. 电气连接

（1）输入接线

① 按照接线原理图接线，接线前需要确认相序，确认无接地故障。

② 拧松汇流箱下端防水端子的收紧螺帽。

③ 将输入电缆穿过白色电缆接头，线缆长度要留有余量，以便汇流箱内部弯曲固定。

④ 压接线鼻子。

⑤ 用 6 号内六角扳手把断路器输入端 3 套 M8 内六角螺丝松掉，断路器输入端按三相黄从左至右顺序接线。

⑥ 汇流线接线。

a. 正负极走向明确，汇流箱内不允许交叉走向。

b. 从汇流箱底部进入汇流箱内部的汇流线必须分正负极且套 PVC 套管保护，进入 PVC 套管的汇流线截面积不大于 PVC 套管截面积的三分之二。

（2）输出连线

① 汇流箱的输出端接法和输入接法类似，将线缆剥好线，将铜鼻子套在剥开的线上。

② 使用压线工具进行压线。压线工艺如图 5-33 所示。

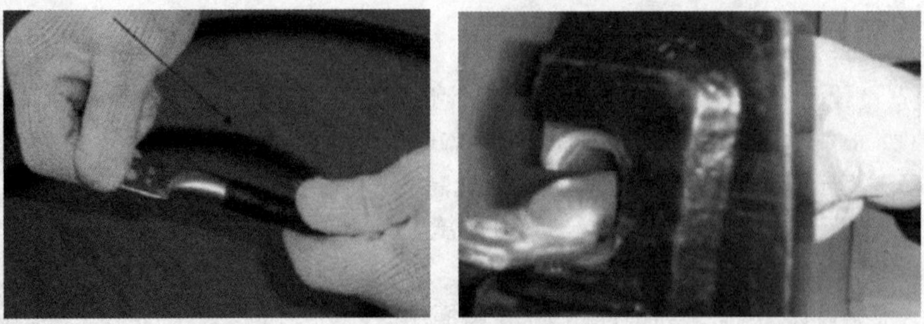

(a) (b)

图 5-33 压线工艺示意图

③ 套相应的热缩管，正极为红色，负极为黑色。

④ 拧松防水接头，逆时针方向旋转，将导线穿过电缆接头。

⑤ 将做好的导线接入到断路器输出端铜排。旋紧输出端的 M10 螺丝，再将线理整齐平整。

⑥ 顺时针方向拧紧防水接头。

⑦ 汇流箱之间以及汇流箱至直流柜的电缆应敷设在金属线槽内，汇流箱与汇流箱之间的电缆沿桥架敷设，走线应整齐，在水平托架上的电缆每隔 10 m 或在转弯处加以固定；垂直敷设电缆每隔 2 m 固定一次；通过走廊过道的线应穿管走线。对每路接线应做好明显标记。由专业人员进行 2×50、2×70 或 2×90 等直流电缆铜鼻子制作；直流出线电缆接线应满足汇流箱接线图的“U”型接线，使接线鼻子与空开铜鼻子充分连接，接触面积最大且无缝隙、牢固，如图 5-34、图 5-35 所示。

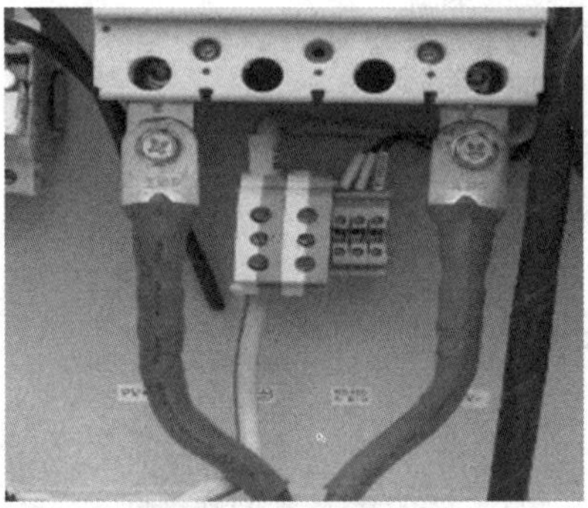

图 5-34　规范的 U 型接法

图 5-35　直流出线及通信线的挂牌

（3）通信线接线

两根通信线接入同一端子时，通信线不允许缠绕；汇流箱外裸露的通信线必须套管保护；汇流箱通信地址应对照汇流箱说明书进行设置，达到准确无误。

（4）电缆及箱体接地

① 直流出线的电缆接地线要求是≥16 mm^{2}的铜线或编织铜线，且两端接地。

② 汇流箱箱体接地线要求是≥25 mm^2 的铜线，且要求接在独立的接地点上，如图 5-36 所示。

图 5-36　汇流箱接地线应接在明显的接地点

3. 汇流箱的封堵及编号

（1）汇流箱内外进出线孔必须封堵，各电缆的 PVC 套管上沿必须封堵，以无缝隙为准。

（2）4 mm^2 线缆须套号码管，极性走向明确，清晰可辨。

（3）直流汇流线出线、通信线必须挂牌，编号极性走向明确清晰、可辨。

（4）汇流箱必须编号，编号正确无误，字体擦拭后仍清晰，如图 5-37、图 5-38 所示。

图 5-37　汇流箱内外的防火泥封堵

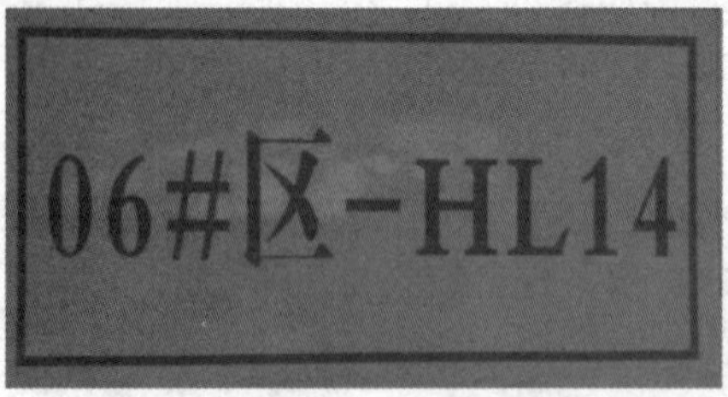

图 5-38　汇流箱编号清晰、可辨

知识点 3　变压器的安装

1. 变压器电压等级

根据光伏发电站设计规范，光伏发电站安装总容量小于或等于 1 MWp 时，宜采用 0.4～10 kV 电压等级；安装总容量大于 1 MWp，且不大于 30 MWp 时，宜采用 10～35 kV 电压等级；安装总容量大于 30 MWp，宜采用 35 kV 电压等级。

箱式变压器安装适用于 35 kV 及以下电压等级，频率为 50 Hz 的干式或油浸式站用变、接地变、阵列区升压变及 SVG 变压器安装作业。

2. 变压器安装作业流程

变压器安装作业流程包括施工准备、开箱检查、油浸式变压器安装、干式变压器安装、变压器的接地、变压器安装后的检查、变压器的试验等。变压器安装如图 5-39 所示。

（1）施工准备

① 技术准备：按规程、厂家安装说明书、图纸、设计要求及施工措施对施工人员进行技术交底，交底要有针对性。

② 人员组织：技术负责人、安装负责人、安全质量负责人和技术工人。

③ 机具的准备：按施工要求准备机具并对其性能及状态进行检查和维护。

（2）开箱检查

① 变压器到达现场后，会同监理、业主代表及厂家代表进行开箱检查，检查设备的相关技术资料文件，以及产品出厂合格证。设备应装有铭牌，铭牌上应注明制造厂名、额定容量、一/二次额定电压、电流、阻抗、接线组别等技术数据应符合设计要求。

② 设备随机技术文件由专人收集保管，发现有缺少的应及时联系供货厂家补齐，以备后续资料移交、归档和查阅。

③ 变压器及设备附件均应符合国家现行有关规范的规定；变压器应无机械损伤、裂纹、变形等缺陷，油漆应完好无损；变压器高压、低压绝缘瓷件应完整无损伤，无裂纹等。

（3）油浸式变压器安装

① 基础复核

变压器就位前应对土建基础进行检查，基础的尺寸、标高、中心线预埋件是否符合变压器安装图及厂家资料和规范要求，变压器基础水平度误差小于 3 mm。

图 5–39 变压器安装示意图

② 变压器吊装

a. 吊装时，起重机具的支撑腿必须稳固，受力均匀。吊钩应对准变压器重心，起吊时必须试吊，起吊过程中，在吊臂及吊物下方严禁任何人员通过或逗留，吊起的设备不得在空中长时间停留。

b. 变压器就位移动时不宜过快，应缓慢移动，不得发生碰撞及不应有严重的冲击和震荡。

c. 变压器就位后，外壳干净不应有裂纹、破损等现象，各部件应齐全完好，变压器所有的门可正常开启。

d. 箱体调校平稳后，与基础预埋件焊接牢固并做好防腐措施。

e. 金属外壳变压器，箱体应不少于两处接地，接地牢固可靠且有标识。

（4）干式变压器安装

① 变压器型钢基础的安装

型钢基础金属构架的尺寸应符合设计基础配制图的要求与规定，如设计对型钢构架高出地面无要求，施工时可将其顶部高出地面 10 mm。型钢基础构架与接地扁钢连接不宜少于两点，符合设计、规范要求。

② 干式变压器就位

a. 应先将干式变压器的外壳拆下，拆下时应做好标识以免装错，拆卸时应防止观察窗玻璃损坏。

b. 变压器卸车时，直接卸置于预先放置好的滚杠上，变压器放置方向应考虑安装方向，放置变压器时应防止变压器滑动。再用滚杠缓缓推至型钢基础旁，移动过程中应行车平稳，尽量减少振动。

c. 干式变压器固定在型钢基础上，用三角扒杆加葫芦起吊变压器就位，用水平仪、铅锤线、钢尺测量就位偏差，其偏差不应大于 1 mm。

d. 变压器就位时，应按施工要求的方位和距墙尺寸就位。

e. 变压器固定采用设计要求连接方式，并固定可靠。

f. 把温控器安装固定好，并连好与变压器间连线。

③ 母线连接（适用于站用变母线连接）

a. 安装前仔细核对变压器低压侧母线与盘柜母线的相序须保持一致，相色标志正确齐全。

b. 仔细检查变压器低压侧母线及与其相连的进线开关柜母线的相间及相对地距离不应小于 20 mm。

c. 仔细检查变压器高压侧引出线对地距离不应小于 100 mm。

d. 两侧母线的接触面必须保持平整、清洁、无氧化膜，并涂以电力复合脂。

e. 贯穿螺栓连接的母线两外侧均应有平垫圈，螺母侧应装有弹簧垫圈或锁紧螺母。

f. 母线的接触面应连接紧密，连接螺栓应由力矩扳手紧固。

图 5-40 变压器接地示意图

（5）变压器的接地

① 将变压器中性点直接（或经接地电阻）与接地线可靠连接。

② 将铁芯引出线与接地线可靠连接。

③ 将变压器本体接地点与事先引入基础侧的接地线可靠连接。

④ 检查变压器底座型钢基础已与接地线可靠连接。如图 5-40 所示。

（6）变压器安装后的检查

① 仔细全面检查整个变压器，不能有金属异物遗留，底架与基础接触导通良好，接地牢固可靠。

② 铁芯夹紧螺栓连接紧固无松动。

③ 铁芯一点接地，牢固可靠。

④ 三相变比连接正确。

⑤ 变压器安装完毕后做防尘措施。

（7）安装质量检查

① 检查紧固螺栓是否确实紧固，检查所有电气连接，确认连接牢固可靠，所有固定螺栓是否全部紧固。

② 内部接线后的检查：是否和连接图纸一样接线；内部引线与引线之间，以及和其他结构件之间确保图纸指定尺寸以上的距离。

③ 变压器与接地网两处可靠接地，中性点与接地网可靠接地。

④ 变压器试运行前应做全面检查，确认各种试验单据应齐全，数据真实可靠，变压器一次、二次引线相位及相色正确，接地线等压接接触截面符合设计和国家现行规范规定。

⑤ 变压器应清理、擦拭干净。顶盖上无遗留杂物，本体及附件无缺损。通风设施安装完毕，工作正常。

⑥ 变压器的分接头位置处于正常电压档位。保护装置整定值符合规定要求，操作及联动试验正常。

⑦ 测温装置的信号接点应动作正确、导通良好，整定值符合要求。

知识点 4 线缆的敷设

1. 施工要求

（1）线缆敷设

① 光伏组串之间及组串至汇流箱电缆，沿组件支架用尼龙带绑扎敷设，跨组件前后行及检修通道需穿管埋地。

② 汇流箱至逆变器电缆采用交联聚乙烯铠装电缆，直埋敷设；穿越道路时需套镀锌钢

管直埋。

③ 逆变器交流侧至升压变低压进线电缆采用交联聚乙烯电缆，沿电缆沟敷设。

④ 升压变出线采用交联聚乙烯铠装电缆沿电缆通道直埋敷设。

⑤ 高低压配电室、二次设备室内均采用电缆沟形式敷设，电缆沟内主、层架需要用镀锌角钢支架制作。

（2）直埋电缆敷设要求

① 电缆直埋敷设应按照电缆敷设规范进行。

② 直埋敷设电缆的接头配置应符合下列规定：

a. 接头与邻近电缆的净距不得小于 0.25 m。

b. 并列电缆的接头位置宜相互错开，且不小于 0.5 m 的净距。

c. 斜坡地形处的接头安置，应呈水平状。

d. 对重要回路的电缆接头，宜在其两侧约 1 000 m 开始的局部段，按留有备用量方式敷设电缆。

③ 直埋敷设的电缆与道路交叉时，应穿保护管，且保护范围超出路基两边及排水沟边 0.5 m 以上。

2. 作业程序与操作方法

（1）挖沟、清理铺沙土

根据图纸标注的尺寸确定通道路径位置。首先应确定路线的首末端、预埋管的位置。在首末端及路线中端或其他参照位置拉线，确定通道路线的位置。沟道深度符合设计、规范要求。有预埋件的，将电缆管预埋后回填，以免阻碍道路的通畅，如图 5-41 所示。

（2）电缆敷设

① 根据剖面图和设备位置来排列电缆，并写好电缆敷设清单。

② 按照电缆敷设清单上电缆的型号规格，用汽车、吊车、叉车或人力将电缆运送到敷设地点。

③ 按清单上电缆的排列顺序将盘架好，电缆盘应用专用的起重架支起，架好的盘离地面距离以 100 mm 为宜，电缆从盘的上部引出，不应在地面上或支架上拖放，有特殊要求的动力电缆要使用放线滚轮，严禁将电缆盘平放于地面上而甩放电缆，如图 5-42 所示。

图 5-41　挖沟示意图

图 5-42　电缆敷设示意图

④ 电缆敷设顺序：先敷设集中的电缆，后敷设分散的电缆；先敷设动力电缆，后敷设控制、通信电缆；先敷设长电缆，后敷设短电缆，同一方向的电缆应尽量一次敷设完毕。敷设电缆的路径应有电缆专业人员来领头，每敷设一根电缆，应立即从末端开始整理、检查、固定和挂牌，留好长度，每根除了留好备用长度外，电缆长度不能超过接线高度 1 m，并锯断开始敷设下一根电缆，用扎带固定电缆的同时应把多余的扎带末梢剪去，并做出必要的敷设记录。

⑤ 电力电缆与控制电缆在直埋电缆通道的各层位置，一般是从下到上按电力、控制、弱电电缆排列，并适当留有空位，电力电缆又可按电压等级排列，同一安装单位的通信电缆放在同一层上。

⑥ 电缆构筑设施和电缆布置应充分满足电缆的允许弯曲半径。在电缆引入引出开关柜、配电盘时，为使电缆不受损伤，保证电缆弯曲半径，留有一定的检修余地。

⑦ 电缆敷设要尽量减少交叉和重叠，为此，一般宜将同侧的电缆一次敷设完毕。如不能一次敷设完毕时，应将其位置空出来。

⑧ 电缆敷设应做到整体一致，引出方向、弯度、相互间距等都要一致，以达到美观整齐。

⑨ 电缆端部要穿管敷设时，应预留出适当长度，待排列、检查、固定完毕再穿管。

⑩ 不同电压等级的电缆应分别穿在不同的保护管中，三相交流单芯电缆应同穿一根保护钢管，严禁分相穿管。穿完电缆的保护管应作封堵处理。

⑪ 电缆在支叉口经过时，应尽量减少电缆的人为交叉。

⑫ 电缆与厂区道路交叉时，应敷设于保护管或沟道中。

⑬ 直埋电缆应敷设在壕沟里，电缆外皮至地面深度不得小于 1 170 mm，但也不宜过深，过深会影响电缆散热及检修。沿直埋电缆的上下部应铺不小于 100 mm 厚的细土层。

⑭ 电缆敷设完毕，经检查无遗漏后，应按设计进行防火封堵。

（3）敷设保护管

① 电缆保护管必须是内壁光滑无毛刺。保护管的选择，应满足使用条件所需的机械强度和耐久性，且符合下列基本要求：

a. 需穿管来抑制电气干扰控制电缆，应采用钢管。

b. 交流单相电缆以单根穿管时，不得用未分隔磁路的钢管。

② 部分或全部露出在空气中的电缆保护管的选择，应遵守下列规定：

a. 防火或机械要求高的场所宜用钢制管，且应采取涂漆或镀锌包塑等适合环境耐久要求的防腐处理。

b. 满足工程条件自熄性要求时，可用耐燃型塑钢管，部分埋入混凝土中等需有耐冲击的使用场所，塑料管应具备相应承压能力，且宜用可挠性的塑料管。

c. 地中埋设的保护管，应满足抗压要求和耐环境腐蚀性。通过不均匀沉降的回填土地段等受力较大的场所，宜用钢管。

（4）保护管管径与穿过电缆数量的选择

① 每管宜穿 1 根电缆。

② 管的内径，不宜小于电缆外径或多根电缆包络外径的 1.5 倍。

（5）单根保护管使用规定

① 每根管路不宜超过 3 个弯头；直角弯不宜多于 2 个。

② 地中埋管，距地面深度不宜小于 0.5 m，距排水沟底不宜小于 0.5 m。

③ 并列管之间有不小于 20 mm 的空隙。

（6）挂标识牌

① 标识牌规格应一致，本工程采用塑料标识牌，挂装应牢固。

② 标识牌上应注明回路编号、电缆编号、规格、型号及电压等级。

③ 沿桥架敷设电缆在其两端、拐弯处、交叉处应挂标识牌，直线段应适当增加标识牌，每 2 m 挂一标识牌，施工完毕做好成品保护。

5.2.4　任务实施

结合实训设备，完成集中式光伏并网发电系统的安装工作。

1. 光伏组件支架的安装。
2. 汇流箱的安装。
3. 变压器的安装。
4. 线缆的敷设。

5.2.5　任务实施单

<table>
<tr><td>任务名称</td><td>集中式光伏并网发电系统的安装</td><td>完成时长</td><td></td></tr>
<tr><td>班级</td><td></td><td>组别</td><td></td></tr>
<tr><td>学号</td><td></td><td>姓名</td><td></td></tr>
<tr><td>任务要求</td><td colspan="3">完成集中式光伏并网发电系统的安装工作</td></tr>
<tr><td>实施过程记录</td><td colspan="3"></td></tr>
<tr><td>任务实施总结</td><td colspan="3"></td></tr>
</table>

5.2.6 任务验收单

任务名称	集中式光伏并网发电系统的安装		验收时间	
班级			组别	
学号			姓名	
任务要求	完成集中式光伏并网发电系统的安装工作			
验收要点	序号	验收内容		验收结果
	1	规范安装光伏组件		
	2	规范安装支架		
	3	规范安装逆变器		
	4	规范安装变压器		
	5	规范敷设线缆		
	6	规范安装其他电气设备		
验收结果				

5.2.7 任务评价单

学生自我评价单

项目 5	集中式光伏并网发电系统	任务 5.2	集中式光伏并网发电系统的安装	
评价项目	8≤优≤10（分）	6≤良<8（分）	4≤中<6（分）	2<差<4（分）
1. 学习态度是否主动，能否及时完成教师布置的各项任务				
2. 是否完整地记录探究活动的过程，收集的有关信息和资料是否完整				
3. 能否根据学习资料对任务进行合理分析，并对所制定的方案进行可行性分析				
4. 是否能够完全领会教师的授课内容，并快速掌握技能				
5. 是否积极参与各种讨论，并能清晰地表达自己的观点				
6. 能否独立或合作完成任务				
7. 对出现的问题是否能主动思考，并使用现有知识进行解决，以及知道自己在某些知识方面的不足之处				
8. 是否通过任务训练达到学习目标				
9. 是否有安全、环保意识与团队合作意识				
10. 工作过程中是否能保持整洁、有序、规范的工作环境				
姓名		日期		总评
任务总结				

学生互评单

项目 5	集中式光伏并网发电系统	任务 5.2	集中式光伏并网发电系统的安装
评价项目			评分
1. 在组队中是否称职，能否按计划完成团队任务（20 分）			
2. 能否主动思考并解决问题（20 分）			
3. 是否完成任务（20 分）			
4. 是否有团队合作意识（20 分）			
5. 是否积极参与各种讨论，并能清晰地表达自己的观点（20 分）			
评价人		合计	
改进建议			

教师评价单

考核点	标准（分）	得分
任务方案准备与计划	20	
实施操作及团队协作	20	
知识和技能掌握情况	20	
数据记录与分析	20	
任务汇报与总结	20	
合计	100	

任务评价单

<table>
<tr><td rowspan="2">项目 5</td><td rowspan="2">集中式光伏并网发电系统</td><td>学生自评</td><td>学生互评</td><td>教师评分</td><td rowspan="2">总分</td></tr>
<tr><td>30%</td><td>30%</td><td>40%</td></tr>
<tr><td>任务 5.2</td><td>集中式光伏并网发电系统的安装</td><td></td><td></td><td></td><td></td></tr>
</table>

5.2.8　自我评测

课后习题

1. 光伏组件的主要安装步骤有哪些？
2. 变压器的主要安装步骤有哪些？

任务 5.3　集中式光伏并网发电系统的运行维护

学习目标

1. 知识目标

（1）掌握直流汇流箱和配电柜的运维内容。

（2）掌握交流配电柜及线路的运维内容。

（3）掌握光伏电站监控系统的使用。

2. 能力目标

（1）能够进行直流汇流箱和配电柜的运维工作。

（2）能够进行交流配电柜及线路的运维工作。

（3）能够进行光伏电站监控系统进行日常的运维工作。

3. 素养目标

（1）树立质量与成本意识。

（2）培养实事求是、精益求精的精神。

（3）培育正确的劳动价值观、积极的劳动精神和良好的劳动品质。

5.3.1　任务引入

完成该项目集中式光伏并网发电系统的运维工作。

5.3.2　任务工单

任务名称	集中式并网光伏发电系统的的运行维护	指导教师	
班级		组别	
学号		姓名	
任务描述	建设一个集中式并网光伏发电系统，实现光伏电站并网发电。计划容量 10 MWp，建设地点位于甘肃省敦煌市，整体工程占地约 43.55 万平方米。该项目的光伏发电系统已完成设计与安装工作，请开展该项目光伏发电系统的相关运行维护工作。重点进行直流汇流箱、直流配电柜、交流配电柜及线路的运维工作，以及使用监控软件开展相关运维工作		
材料清单	设备：光伏电站运维实训设备 工具：扳手、万用表、剥线钳、压线钳等 耗材：导线等		
知识点	1. 直流汇流箱与配电柜的运维工作内容 2. 交流配电柜及线路的运维工作内容 3. 监控软件开展运维相关工作的内容		
技能点	1. 使用相关工具和仪表进行直流汇流箱和配电柜的运维工作 2. 使用相关工具和仪表进行交流配电柜及线路的运维工作 3. 使用监控软件进行运维相关工作		

5.3.3 知识点链接库

知识点 1 电站监控系统简介

1. 电站监控系统

根据《光伏发电系统接入配电技术规定》（GB/T 29319—2024）的要求，在正常运行情况下，电站通过集控室向调度部门提供的信号至少应当包括：光伏发电站的公共连接点处电压、注入电力系统的电流、有功功率、功率因数、频率和电量。

集控室内运行人员可以根据电力系统调度中心的指令控制整个电站输出的有功功率，且能够根据电网状况、光伏发电站运行特性及其技术性能指标等具有调整输出功率的最大功率变化率的能力。

中控室采用电气监控管理系统对电气设备进行管理。电气监控管理系统采用分层分布式结构，一般为三层，即后台监控层（站控层）、通信管理层（通信层）和保护测控层（间隔层）。

后台监控层设备安装有电气监控管理系统软件，包括多种高级应用系统，如图形管理系统、SCADA 管理系统、定值管理系统、报表管理系统、系统组态系统等。配置运行/维护工作站供运行维护人员日常维护及监控，可安装于集控室或工程师室。可选配数据库服务器、Web 服务器及其他高级应用工作站。

通信管理层为整个系统的核心，起上传下放的作用。它一方面负责把保护测控层的数据整理汇总，并将这些信息上送后台监控层和 DCS，完成遥信遥测；另一方面接收后台监控层下达的命令并转发给保护测控层设备，完成对厂站内各开关的分合、电容器投切以及主变分接头的升降，实现遥控和遥调。配置的通信管理装置具有组件化硬件设计和模块化软件设计等多种优点，具备通信网络诊断功能，运行过程中实时诊断各通信端口工况以及各网络工况，实时检测网络上各投运节点工作状态并传输到监控系统。

2. 监控系统维护要点

监控及数据传输系统的设备应保持外观完好，螺栓和密封件应齐全，操作键接触良好，显示读数清晰。

对于数据传输系统，系统的终端显示器每天至少 1 次检查有无故障报警。如果有故障报警，应该及时通知相关专业公司进行维修。

每年至少一次对数据传输系统中输入数据的传感器灵敏度进行校验。数据传输系统中的主要部件，凡是超过使用年限的，均应该及时更换。

3. 光伏电站运行维护的主要工作

光伏电站运行维护主要工作见表 5-5。

表 5-5　光伏电站运行维护的主要工作

序号	工作内容
1	监控电站设备的主要运行参数，统计电站发电量，接受电网调度指令
2	巡视检查电站设备的状态，检查光伏组件、支架的完好和污染程度，检查电气设备的运行情况
3	根据电网调令和检修工作进行电气设备停送电倒闸操作

知识点 2　直流汇流箱和配电柜的运行维护

1. 直流汇流箱的运行维护规定

（1）直流汇流箱不得存在变形、锈蚀、漏水、积灰现象，箱体外表面的安全警示标识应完整无破损，箱体上的防水锁启闭应灵活。

（2）直流汇流箱内各个接线端子不应出现松动、锈蚀现象。

（3）直流汇流箱内的高压直流熔丝的规格应符合设计规定。

（4）直流输出母线的正极对地、负极对地的绝缘电阻应大于 2 MΩ。

（5）直流输出母线端配备的直流断路器，其分断功能应灵活、可靠。

（6）直流汇流箱内防雷器应有效。

2. 直流配电柜的运行维护规定

（1）直流配电柜不得存在变形、锈蚀、漏水、积灰现象，箱体外表面的安全警示标识应完整无破损，箱体上的防水锁开启应灵活。

（2）直流配电柜内各个接线端子不应出现松动、锈蚀现象。

（3）直流输出母线的正极对地、负极对地的绝缘电阻应大于 2 MΩ。

（4）直流配电柜的直流输入接口与汇流箱的连接应稳定可靠。

（5）直流配电柜的直流输出与并网主机直流输入处的连接应稳定可靠。

（6）直流配电柜内的直流断路器动作应灵活，性能应稳定可靠。

（7）直流母线输出侧配置的防雷器应有效。

知识点 3　交流配电柜及线路的运行维护

交流配电柜的维护规定

（1）交流配电柜维护前应通知停电起止时间，并将维护所需工具准备齐全。

（2）交流配电柜维护工作的安全事项。

① 停电后应验电，确保在配电柜不带电的状态下进行维护。

② 在分段保养配电柜时，带电和不带电配电柜交界处应装设隔离装置。

③ 操作交流侧真空断路器时，应穿绝缘靴、戴绝缘手套，并有专人监护。

④ 在电容器对地放电之前，严禁触摸电容器柜。

⑤ 配电柜保养完毕送电前，应先检查有无工具遗留在配电柜内。

⑥ 配电柜保养完毕后，拆除安全装置，断开高压侧接地开关，合上真空断路器，观察变压器投入运行无误后，向低压配电柜逐级送电。

（3）交流配电柜维护时的注意事项

① 确保配电柜的金属架与基础型钢应用镀锌螺栓完好连接，且防松零件齐全。

② 电柜标明被控设备编号、名称或操作位置的标识器件应完整，编号应清晰、工整。

③ 母线接头应连接紧密，不应变形，无放电变黑痕迹，绝缘无松动和损坏，紧固连接螺栓不应生锈。

④ 手车、抽出式成套配电柜推拉应灵活，无卡阻碰撞现象；动触头与静触头的中心线应一致，且触头接触紧密。

⑤ 配电柜中开关，主触点不应有烧熔痕迹，灭弧罩不应烧黑和损坏，紧固各接线螺钉，清洁柜内灰尘。

⑥ 把各分开关柜从抽冠柜中取出，紧固各接线端子。检查电流互感器、电流表、电度表的安装和接线，手柄操作机构应灵活、可靠，紧固断路器进出线，清洁开关柜内和配电柜后面引出线处的灰尘。

⑦ 低压电器发热物件散热应良好，切换压板应接触良好，信号回路的信号灯、按钮、光字牌、电铃、电筒、事故电钟等动作和信号显示应准确。

⑧ 检验柜、屏、台、箱、盘间线路的线间和线对地间绝缘电阻值，馈电线路必须大于 0.5 MΩ，二次回路必须大于 1 MΩ。

5.3.4　任务实施

结合实训设备，完成对光伏阵列支架、光伏组件串、直流汇流箱、直流配电柜、光伏逆变器、交流配电柜、电缆等设备的日常维护工作。

5.3.5　任务实施单

任务名称	集中式光伏并网发电系统的运行维护	完成时长	
班级		组别	
学号		姓名	
任务要求	完成集中式光伏并网发电系统的运行维护工作		
实施过程记录			
任务实施总结			

5.3.6 任务验收单

<table>
<tr><td>任务名称</td><td colspan="2">集中式光伏并网发电系统的运行维护</td><td>验收时间</td><td></td></tr>
<tr><td>班级</td><td colspan="2"></td><td>组别</td><td></td></tr>
<tr><td>学号</td><td colspan="2"></td><td>姓名</td><td></td></tr>
<tr><td>任务要求</td><td colspan="4">完成集中式光伏并网发电系统的运行维护工作</td></tr>
<tr><td rowspan="3">验收要点</td><td>序号</td><td colspan="2">验收内容</td><td>验收结果</td></tr>
<tr><td>1</td><td colspan="2">规范完成集中式光伏并网发电系统的运行维护工作</td><td></td></tr>
<tr><td>2</td><td colspan="2">规范使用监控系统</td><td></td></tr>
<tr><td>验收结果</td><td colspan="4"></td></tr>
</table>

5.3.7 任务评价单

学生自我评价单

<table>
<tr><td>项目 5</td><td>集中式光伏并网发电系统</td><td>任务 5.3</td><td colspan="3">集中式光伏并网发电系统的运行维护</td></tr>
<tr><td colspan="3">评价项目</td><td>8≤优≤10（分）</td><td>6≤良＜8（分）</td><td>4≤中＜6（分）</td><td>2＜差＜4（分）</td></tr>
<tr><td colspan="3">1. 学习态度是否主动，能否及时完成教师布置的各项任务</td><td></td><td></td><td></td><td></td></tr>
<tr><td colspan="3">2. 是否完整地记录探究活动的过程，收集的有关信息和资料是否完整</td><td></td><td></td><td></td><td></td></tr>
<tr><td colspan="3">3. 能否根据学习资料对任务进行合理分析，并对所制定的方案进行可行性分析</td><td></td><td></td><td></td><td></td></tr>
<tr><td colspan="3">4. 是否能够完全领会教师的授课内容，并快速掌握技能</td><td></td><td></td><td></td><td></td></tr>
<tr><td colspan="3">5. 是否积极参与各种讨论，并能清晰地表达自己的观点</td><td></td><td></td><td></td><td></td></tr>
<tr><td colspan="3">6. 能否独立或合作完成任务</td><td></td><td></td><td></td><td></td></tr>
<tr><td colspan="3">7. 对出现的问题是否能主动思考，并使用现有知识进行解决，以及知道自己在某些知识方面的不足之处</td><td></td><td></td><td></td><td></td></tr>
<tr><td colspan="3">8. 是否通过任务训练达到学习目标</td><td></td><td></td><td></td><td></td></tr>
<tr><td colspan="3">9. 是否有安全、环保意识与团队合作意识</td><td></td><td></td><td></td><td></td></tr>
<tr><td colspan="3">10. 工作过程中是否能保持整洁、有序、规范的工作环境</td><td></td><td></td><td></td><td></td></tr>
<tr><td>姓名</td><td></td><td>日期</td><td></td><td>总评</td><td colspan="2"></td></tr>
<tr><td>任务总结</td><td colspan="6"></td></tr>
</table>

学生互评单

项目 5	集中式光伏并网发电系统	任务 5.3	集中式光伏并网发电系统的运行维护
评价项目			评分
1. 在组队中是否称职，能否按计划完成团队任务（20 分）			
2. 能否主动思考并解决问题（20 分）			
3. 是否完成任务（20 分）			
4. 是否有团队合作意识（20 分）			
5. 是否积极参与各种讨论，并能清晰地表达自己的观点（20 分）			
评价人		合计	
改进建议			

教师评价单

考核点	标准（分）	得分
任务方案准备与计划	20	
实施操作及团队协作	20	
知识和技能掌握情况	20	
数据记录与分析	20	
任务汇报与总结	20	
合计	100	

任务评价单

项目 5	集中式光伏并网发电系统	学生自评	学生互评	教师评分	总分
		30%	30%	40%	
任务 5.3	集中式光伏并网发电系统的运行维护				

5.3.8　自我评测

课后习题

1. 集中并网型光伏发电系统的监控系统一般监测哪些参数？
2. 集中并网型光伏发电系统使用远程监控系统一般能完成哪些运维工作？

案例拓展

项目规划总装机容量 60 MWp，其中一期工程：25 MWp 地面光伏，5 MWp 智能温室光伏，预计年均发电量 3 297 万 kWh，25 年共发电 82 425 万 kWh，输出电压 10～35 kV。

1. 主要设备选型

（1）光伏组件

本项目一期投资采用单晶硅光伏组件 120 000 块，其转换效率为 15.3%。

（2）并网逆变器

并网逆变器是光伏发电系统的重要组成部件，是将光伏组件发出的直流电能转换为可与系统连接的交流电的核心设备。并网逆变器的质量与效率直接影响发电量的输出，对经济效益和能源利用都具有重要的影响。其技术参数见表 5-6。

表 5-6　并网逆变器参数

输入	
最大输入功率	560 kW
最大输入电压	1 000 V
启动电压	520 V
最小工作电压	500 V
最大输入电流	1 120 A
MPP 电压范围	500～850 V
输入连接端数	8/16
输出	
额定输出功率	500 kW
最大输出视在功率	550 kVA
最大输出电流	1 008 A
总电流波形畸变率	＜3%（额定功率）
额定电网电压	315 V
电网电压范围	250～362 V
额定电网频率	50/60 Hz
电网频率范围	47～52 Hz/57～62 Hz
功率因数范围	＞99%满功率，可调范围 0.9 超前～0.9 滞后
隔离变压器	无
直流分量	＜0.5%In
效率	
最大效率	98.7%
欧洲效率	98.5%

续表

保护	
输入侧断路设备	直流负荷开关
输出侧断路设备	交流负荷开关
直流过压保护	具备
交流过压保护	具备
电网监测	具备
接地故障监测	具备
过热保护	具备
绝缘监测	具备
常规数据	
尺寸（宽×高×深）	1 606 mm×2 034 mm×860 mm
重量	1 700 kg
工作温度范围	−30～+55 ℃
夜间自耗电	＜100 W
外部辅助电源电压	380 V，3 A
冷却方式	温控强制风冷
防护等级	IP21
相对湿度	0～95%无冷凝
最高海拔	6 000 m（＞3 000 m 降额）
排风需求量	4 500 m^3/h
显示	彩色触摸屏
通信	RS485/Modbus，Ethernet（Opt.）

2. 系统设计

本项目所利用土地为山坡荒地，地质结构分为填土表层和岩石表层。根据地表土层的不同，支架基础分别采用独立基础和锚杆基础。光伏发电系统中以 1 MWp 为一个电气单元，每个单元由 4 000 块 250 Wp 多晶硅光伏组件组成，接入 1 台 1 MW 逆变器。本项目一期工程合计共需光伏发电系统的重要组成部件 120 000 块，1 MW 逆变器 30 台，总装机容量 30 MWp。

每 500 kW 电气接线形式相同，组件电气连接选取 20 块太阳能组件串联为一串，16 串并至一台汇流箱，每个 1 000 kW 单元共 13 台汇流箱，接入 1 台 1 000 kVA 直流汇流柜，每台直流汇流箱输出接入 1 台 1 000 kVA 逆变器，逆变器输出为 315 V 交流电。

3. 监控系统

采用太阳能专用工控机、环境监测仪、数据采集器和显示装置，以及与其配套的太阳能专用监控软件来检测、远传太阳辐射量、温度、光伏组件直流输入电压、电流、逆变器输入/输出电压和电流及输出计量等。由于采集参数的多样性和分散性，系统采用分布式数据采集的结构模式。

所谓分布式数据采集，就是利用温度传感器、太阳辐射测量仪等设备就近分散采集现场数据，通过智能数据采集模块的 RS 485 串行总线通信协议将采集到的数据传送至监测计算机，以进行集中的数据统计和处理。

4. 避雷、防雷及接地保护

为保证电力系统的安全运行和光伏发电及附属设施的安全，大型并网光伏电站必须有良好的避雷、防雷及接地保护装置。避雷、防雷装置应符合《建筑物防雷设计规范》（GB 50057—2010）要求，接地应符合《电气装置安装工程接地装置施工及验收规范》（GB 50169—2016）要求。

场地防雷：目的是使光电场及附属设施免遭直接雷击，所有不带电金属体全部可靠接地，防止感应雷侵袭；在高处设置避雷针防止直接雷击，整个场地均应在保护范围内。

交流侧的防雷：交流侧的防雷主要是逆变器输出的低压配电和升压变压器的高压交流输出。

线路的防雷：通常使用不同容量和电压等级的避雷器，连接在导线与地之间，与被保护设备并联，用来限制过电压，使设备免遭过电压损坏。

线路防雷器件需具有无漏电流、通流容量大、残压低、防水、防潮、适用于户外安装等特点，并经过检测，符合《光伏发电站防雷技术要求》（GB/T 32512—2016）、《电气装置安装工程接地装置施工验收规范》（GB 50169—2016）、《雷电防护 第 1 部分：总则》（GB/T 21714.1—2015）等设备抗雷击国家标准。

系统接地保护设计：最主要的要求是接地电阻要小。雷电保护系统的接地电阻应符合《交流电气装置的过电压保护和绝缘配合设计规范》（GB/T 50064—2014）的要求，一般不应大于 10 Ω，在高土壤电阻率地区的接地电阻不应大于 30 Ω。线路接地系统应符合《交流电气装置的过电压保护和绝缘配合设计规范》（GB/T 50064—2014）的技术要求，接地电阻一般不应大于 4 Ω。

课后项目

计划在甘肃省张掖市甘州区南滩建设一个集中式光伏电站，计划装机容量 20 MWp，电站用地面积 0.457 km^2。请完成该项目的设计和建设方案。

参考文献

［1］詹新生，张江伟. 光伏发电工程技术［M］. 2 版. 北京：机械工业出版社，2024.

［2］廖东进，赵远远，方晓敏. 光伏电站设计技术［M］. 北京：机械工业出版社，2023.

［3］袁晓. 太阳能光伏发电应用技术［M］. 4 版. 北京：电子工业出版社，2023.

［4］赵雨. 分布式光伏发电系统设计安装与运维实务［M］. 北京：中国铁道出版社有限公司，2023.

［5］黄述杰，张云鹏. 光伏电站智能运维（初级）［M］. 北京：高等教育出版社，2022.

［6］江祥华，张增辉，王东. 分布式光伏电站设计、建设与运维［M］. 2 版. 北京：化学工业出版社，2022.

［7］邱燕，蔡景素. 光伏电站智能运维（中级）［M］. 北京：高等教育出版社，2021.

［8］刘继茂，李伦全，文波等. 无师自通—分布式光伏储能系统设计、安装与应用［M］. 北京：中国电力出版社，2021.

［9］王涛，周宏强，静国梁. 光伏电站的建设与施工［M］. 北京：机械工业出版社，2020.

［10］张清小，葛庆. 光伏电站运行与维护［M］. 2 版. 北京：中国铁道出版社有限公司，2019.

［11］刘继茂，丁永强. 无师自通—分布式光伏发电系统设计、安装与维护［M］. 北京：中国电力出版社，2019.

［12］邱美艳. 光伏发电系统集成［M］. 西安：西安电子科技大学出版社，2019.

［13］胡昌吉，孙韵琳，屈柏耿. 并网光伏发电系统设计与施工［M］. 北京：机械工业出版社，2017.

［14］付新春，静国梁. 光伏发电系统的运行与维护［M］. 北京：北京大学出版社，2015.

［15］李安定，吕全亚. 太阳能光伏发电系统工程［M］. 2 版. 北京：化学工业出版社，2015.

［16］周志敏，纪爱华. 分布式光伏发电系统工程设计与实例［M］. 北京：中国电力出版社，2014.